走·出·课·本·学·语·文

国家社科基金重大项目“中国传统家训文献
资料整理与优秀家风研究”（14ZDB007）成果

中国古代家风家教故事精选

史芳树　编写

语文出版社
·北京·

图书在版编目（CIP）数据

中国古代家风家教故事精选 / 史芳树编写. -- 北京:
语文出版社，2021.10
ISBN 978-7-5187-1411-7

Ⅰ. ①中… Ⅱ. ①史… Ⅲ. ①家庭道德－中国－古代
－青少年读物 Ⅳ. ①B823.1-49

中国版本图书馆CIP数据核字(2021)第210338号

责任编辑	冀丽萍
装帧设计	刘姗姗
出　　版	语文出版社
地　　址	北京市东城区朝阳门内南小街51号　100010
电子信箱	ywcbsywp@163.com
排　　版	华艺世纪缘科技发展有限公司
印刷装订	北京市科星印刷有限责任公司
发　　行	语文出版社　新华书店经销
规　　格	890mm × 1240mm
开　　本	A5
印　　张	7.25
字　　数	160千字
版　　次	2021年10月第1版
印　　次	2021年10月第1次印刷
印　　数	1-3,000
定　　价	30.00元

010-65253954（咨询）010-65251033（购书）010-65250075（印装质量）

目 录

三 仁

四 义

五 礼

六　智

七　信

八 节

一　忠

1　母亲的话点燃儿斗志

【原文】

王孙贾[①]年十五，事[②]闵王[③]。王出走，失[④]王之处。其母曰："女[⑤]朝出而晚来，则吾倚门而望；女暮出而不还，则吾倚闾[⑥]而望。女今事王，王出走，女不知其处，女尚何归？"王孙贾乃入市[⑦]中，曰："淖齿[⑧]乱齐国，杀闵王，欲与我诛[⑨]者，袒右[⑩]！"市人从者四百人，与之诛淖齿，刺而杀之。

——《战国策》

【注释】

①王孙贾（gǔ）：战国时期齐闵王的侍从。②事：服侍。③闵王：即齐闵王，又称齐湣王，战国时期齐国的第六任国君。齐闵王好大喜功，四处树敌，终于招致燕国将领乐毅联络秦、赵、韩、魏等国组建联军进攻齐国。闵王出逃至莒，被楚国派来救援齐国的将领淖齿所杀。④失：迷失。⑤女：同"汝"，代

词，你。⑥闾（lǘ）：里巷的大门。⑦市：集市。⑧淖（zhuō）齿：战国时期楚国将领。燕国将领乐毅率诸侯联军进攻齐国，他受楚王之命率军救齐，齐闵王任命他为齐国宰相。淖齿却杀害了齐闵王，欲与乐毅等瓜分齐地，后为王孙贾所杀。⑨诛：杀死罪人。⑩袒（tǎn）右：脱去右袖，露出右臂，以此表示愿意参与某事。

【意译】

齐闵王的时候，有个叫王孙贾的少年，闵王觉得他机灵可爱，就让他做了个小跟班，当时王孙贾才十五岁。大家都羡慕王孙贾，小小年纪就如此风光，王孙贾自己也觉得神气十足。后来，闵王得罪了好几个国家，那些国家组成联军攻打闵王，闵王就危险了。这时候，楚王派了个叫淖齿的大将，率军援助闵王。没想到，这淖齿也起了歹念，把闵王杀了，想自己称王。

闵王被杀后，王孙贾不神气了，垂头丧气地回家去了。母亲正在家门口等他呢，见他这样，就说："孩子啊，你早晨跟大王出去没回来，我晚上就在咱家的门口等你；你晚上出去，我就到巷口去等你。不就是巴望着你食君之禄，做忠君之事，像个男子汉吗？你倒好，大王被奸人害了，你也就溜回家了，没事人似的。你对得住自己的良心吗？对得起大王吗？娘的脸都被你丢光了，你知道吗？"

听了母亲的话，王孙贾猛然警醒，立刻奔到集市中，向人群大声喊道："我是大王的侍从王孙贾，你们都认得！淖齿这个恶贼，害了大王，祸害咱们齐国。现在有愿意杀淖齿的，撸起袖子跟我走！"大约有四百人，立刻跟着他去讨伐淖齿，淖齿真的就被他们杀掉了。后来，他们找到闵王的儿子拥立为新王，齐国又恢复了安宁。

【点评】

官员的权利与责任是对等的，有的官员却仅仅惦记着权利，把责任抛到九霄云外。王孙贾本来也是这般心思，好在他的母亲深明大义，她的一番斥责使王孙贾捡回了那份沉甸甸的责任，也捡回了做人的尊严。

如果你也打算从政做官，谁给了你权利，该尽到何种责任，是需要事先厘清的大问题。

2　舅舅堵死外甥官路

【原文】

滂[1]少厉清节[2]。……太守宗资[3]先闻其名，请署[4]功曹[5]，委任政事。滂在职，严整[6]疾恶。其有行违孝悌、不轨[7]仁义者，皆扫迹[8]斥逐，不与共朝。显荐[9]异节[10]，抽拔[11]幽陋[12]。

滂外甥西平李颂，公族[13]子孙，而为乡曲[14]所弃[15]，中常侍[16]唐衡[17]以颂请资[18]，资用为吏。滂以非其人，寝[19]而不召。资迁怒，捶书佐[20]朱零。零仰曰："范滂清裁[21]，犹以利刃齿[22]腐朽。今日宁受笞死，而滂不可违。"资乃止。

——《后汉书》

【注释】

①滂：即范滂，东汉时期官员，以弹劾权贵、清廉正直而著称。②厉清节：磨炼自己以培养高尚情操。厉：同"砺"，砥砺，磨炼。清节：高尚的节操。③宗资：与范滂同时期的东汉官员。④署：代理。⑤功曹：古代官职的一种，是郡守、县令的主要助手。⑥严整：严肃，严格。⑦轨：遵循。⑧扫迹：（使）彻底绝迹。⑨显荐：公开推荐，大张旗鼓地推荐。⑩异节：节操卓异（的人士）。⑪抽拔：擢用，提拔。⑫幽陋：卑微。此指卑微而被埋没的人才。⑬公族：国君或诸侯，泛指达官贵人。⑭乡曲：乡里，乡邻。⑮弃：抛弃，鄙夷，瞧不起。

⑯中常侍：官职名。东汉时期中常侍成为由宦官专任其职、权倾朝野的重要官职。那些身居此职的宦官是东汉由盛转衰的重要推手。⑰唐衡：东汉时期的宦官、权臣。⑱以颂请资：因为李颂的事情请托宗资。⑲寝：睡觉。此引申为废止、终止。⑳书佐：为官员处理文书工作的助手。㉑清裁：清明的裁断。㉒齿：抵挡，触。

【意译】

东汉时期，太守宗资任用范滂为自己的助手。范滂是个清廉正直的名士，他将那些品行不端的人逐出太守府，又大张旗鼓地提拔那些德才兼备而被埋没的人才。

西平人李颂是范滂的外甥，出自名门，品行不端却又想当官。他根本不敢向舅舅范滂开口，就去走皇上的近臣、大太监唐衡的门路。唐衡向太守宗资开口，宗资给李颂安排了个官位，范滂却硬是压下这个任命不予办理。宗资很没面子，就责打范滂的助手朱零。朱零说："范滂对跑官要官的小人恨之入骨，我今天宁愿被打死，也不愿违背范滂的原则。"宗资只好作罢。

【点评】

一些官员也曾敬畏国法，为官清廉，后来为了给家人、亲朋谋取不当利益，逐渐堕落为贪官。李颂那个不靠谱的外甥走了皇上宠臣以及范滂顶头上司的门路求官，范滂作为舅舅仍然坚决拒绝，这是范滂对正义原则的坚守，范滂因之成为名垂青史的清官。可见，做清官的关键在于，对那些大家都懂的原则能够始终坚持，尤其是在面对家人和亲属的时候。

3　毁宅尽忠

【原文】

道生[①]廉约[②]，身为三司[③]，而衣不华饰，食不兼味[④]。一熊皮鄣泥[⑤]，数十年不易，时人比之晏婴[⑥]。第宅[⑦]卑陋[⑧]，出镇[⑨]后，其子弟颇更[⑩]修缮，起堂庑[⑪]。

道生还，叹曰："昔霍去病[⑫]以匈奴未灭，无用家为[⑬]，今强寇[⑭]尚游魂[⑮]漠北[⑯]，吾岂可安坐华美也！"乃切责子弟，令毁宅。其恭慎[⑰]如此。

——《魏书》

【注释】

①道生：即长孙道生，北魏名将、重臣。②廉约：清廉俭朴。③三司：本指司马、司徒、司空等高级官爵、官职的合称，后泛指最高级的官爵、官职。④兼味：两道以上的菜肴。⑤鄣（zhāng）泥：骑马时所使用的防尘罩，垫在马鞍下、垂于马背，用以防尘。又称"马鞯"。⑥晏婴：春秋时期的齐国重臣，史上杰出的政治家、外交家，一生廉洁俭朴。⑦第宅：住宅。⑧卑陋：低矮而简陋。⑨出镇：离开朝廷到地方担任长官。⑩更：再。⑪堂庑（wǔ）：正屋及附属于正屋的廊屋。⑫霍去病：西汉时期抗击匈奴的名将。⑬"匈奴未灭"一句：原话是"匈奴未灭，何以家为！"霍去病攻击匈奴，获得大胜，汉武帝打算

奖赏他一套豪华住宅。霍去病推辞，说了这句话。意思是：匈奴还未消灭，我怎能先顾自己的小家呢！⑭强寇：此指处于北魏北方、时常侵扰北魏边境的少数民族柔然。⑮游魂：某种势力苟延残喘。⑯漠北：中国北方大漠以北的蒙古高原地区。⑰恭慎：谦恭而谨慎。

【意译】

长孙道生是北魏早期的高官，清廉而俭朴。他衣着简单，每顿饭只吃一道菜，一件骑马的防尘罩用了几十年都不换新的，住的房子低矮简陋，跟个农家小院似的。他的子弟们老是在他跟前咕叽，要翻修、重建房子，他就是不同意。后来，朝廷把他派到地方上去做官，子弟们趁他不在，就把房子大大修整了一番。长孙道生回来一看，把子弟们叫过来，斥责他们说："从前，霍去病打了大胜仗，朝廷要奖励他豪宅，霍去病推辞说：'匈奴还未消灭，我怎能先顾自己的小家呢！'你们看看，柔然在北方严重威胁着咱们魏朝，跟当年匈奴威胁汉朝不是一样的吗？你们怎能这样呢？赶紧给我拆了！"子弟们本以为木已成舟，长孙道生会勉强接受，没想到他居然这么较真，只好把刚建好的房子拆了。

【点评】

豪宅不仅不能使长孙道生这样的忠臣感觉到丝毫幸福，反而像眼中钉、肉中刺，因为他深知，奢靡之风往往是官员们品德堕落的诱因和催化剂。他严令拆掉刚建好的豪宅，也是对子弟们品德的一次修正与呵护。

4　拜父不拜神

【原文】

高愍女[1]，名妹妹，父彦昭[2]事[3]李纳[4]。及纳拒命[5]，质[6]其妻子，使守濮阳。建中[7]二年，挈城归河南都统刘玄佐[8]，纳屠其家。时女七岁，母李[9]怜其幼，请免死为婢，许之。女不肯，曰："母兄皆不免，何赖而生？"母兄将被刑，遍拜四方。女问故，答曰："神可祈也。"女曰："我家以忠义诛，神尚[10]何知而拜之！"问父在所，西向哭，再拜就死。德宗骇叹，诏太常[11]谥[12]曰愍。诸儒争为之诔[13]。

——《新唐书》

【注释】

①高愍（mǐn）女：唐德宗时期的幼女高妹妹，"愍"是她的谥号，意为"哀怜"。②彦昭：高彦昭，下文中李纳的手下大将。③事：侍奉，跟随。④李纳：唐朝割据军阀，继其父职后公开与唐王朝作对。⑤拒命：抗拒朝廷的命令。⑥质：人质。此作动词用，以……为人质。⑦建中：唐德宗的年号。⑧刘玄佐：唐德宗时期的猛将、忠臣。⑨母李：母亲李氏。⑩尚：还。⑪太常：官名，掌礼乐祭祀等事宜。⑫谥：根据死者生前的行为给予的评价。⑬诔（lěi）：（写）悼词。

【意译】

唐朝中期，军阀割据的局面已经形成。有个叫高彦昭的将军，是大军阀李纳的部下，被李纳委派去驻守濮阳重镇，他的妻子、儿女则被李纳扣为人质。李纳公然与朝廷作对，手握重兵的高彦昭忠君之心难以撼动，顾不得妻子、儿女尚被李纳扣为人质，毅然率领军队献出城池，归顺了朝廷。李纳失去濮阳重镇，恼羞成怒，要杀高彦昭的妻子、儿女。高彦昭的妻子可怜七岁的女儿高妹妹年龄太小，请求李纳饶过她，哪怕让她做奴婢都行。李纳总算同意了，高妹妹却一口拒绝道："不能跟着父母这样的忠臣，活着有什么意思？"李纳决定将高妹妹一起处死。临刑，高彦昭的妻子、儿子们按着习俗，向着四周拜了又拜。高妹妹问："这是干啥？"母亲说："祈祷四方的神灵啊！"高妹妹说："若有神灵，为何我们这样的忠臣会被处死呢？哪有什么神灵！父亲才最该敬拜！"说着，高妹妹就朝着父亲所在的方向隆重礼拜，然后对行刑的人说："你们动手吧！"

【点评】

高妹妹最值得后人敬仰的，是她敢于思考的精神。第一，她以小小的年纪，经过推理而得出结论：即使神灵真的存在，也是是非不分、黑白颠倒，绝不值得崇拜。她提出了一个严肃的问题：我们有无信仰，或者信仰什么，是否经过严肃、认真的思考？第二，她在临终时非常敬畏父亲，是因为她认定父亲归顺朝廷属于忠义之举——虽然正是父亲归顺朝廷之举将她置于死地。她的孝敬，也是建立在认真思考的基础之上，绝非朝廷、卫道士们所鼓吹的愚孝。高妹妹虽死犹生，足以不朽。

5　退粮责子

【原文】

李畲[1]母者，失其氏[2]。有渊识[3]。畲为监察御史[4]，得廪米[5]，量之三斛而赢[6]。问于史[7]，曰："御史米，不概[8]也。"又问车庸[9]有几？曰："御史不偿也。"母怒，敕[10]归余米，偿其庸，因切责畲。畲劾仓官，自言状。诸御史闻之，有惭色。

——《新唐书》

【注释】

①李畲（shē）：唐朝官员。②失其氏：不知晓其姓氏。③渊识：远见卓识。④监察御史：朝廷官名，职掌监察百官、巡视地方、纠正刑狱等。⑤廪（lǐn）米：朝廷发给官员作为俸禄的官仓之米。廪：俸禄。⑥三斛（hú）而赢：多了十五斗。斛：量器名，亦是容量单位，折合五斗，三斛即十五斗。赢：经商获得利润，此指比正常量多出。⑦史：官府的属吏。⑧概：刮平，不使超过斗、斛。此处意为"限量"。⑨庸：受雇的工钱。⑩敕：告诫，命令。

【意译】

唐朝的时候，有个叫李畲的监察御史，这是个监察百官的重要差事。那时候朝廷发粮食作为俸禄，官员也得自己想办法把这些沉重的“工资”运回家。有一回，发粮食的官差把李畬的俸禄给他家送去。李畬的母亲觉得这些粮食显然比儿子应得的俸禄多，量一量，果然多出了十五斗。老太太就问是怎么回事，那官差回话说：“监察御史的俸禄多出来一些，那都是正常的。其他的御史也都是这样的。”老太太又问：“这粮食是你们送来的，运费收多少呢？”那官差说：“老人家，这运费您就更不用操心了。我们有办法解决。”听到这儿，李畬的母亲气不打一处来，逼着那官差把多发的粮食带回去，又把运费也给了他，打发他走了。等到李畬退朝回家，母亲严厉斥责他渎职，又数落他身为监察官带头搞腐败。李畬被母亲骂醒了，于是毅然弹劾了发放俸禄的官员，掀起了一场反腐风暴……

【点评】

发放俸禄的仓官故意多发俸米，用官米来编织自己的关系网，这已经成为当时官场的潜规则。李畬一旦习惯了这种潜规则，贪腐起来就没多少心理障碍了，离牢房也就越来越近了。因此，李畬母亲的所作所为不是对儿子苛刻，而是出于忠君爱国的大义，也是对儿子的拯救。正是因为母亲的义举与切责，才使李畬从一个游走在贪腐边缘的庸官觉醒为反腐的斗士。家风与官风，的确大有干系。

6 夜半不让爹进城

【原文】

宣祖[1]率兵夜半至城下，传呼[2]开门。太祖[3]曰："父子固[4]亲，启闭[5]，王事[6]也。"诘旦[7]，乃得入。

——《宋史》

【注释】

①宣祖：赵弘殷，赵匡胤的父亲。赵匡胤建立宋朝以后，追赠其庙号为"宣祖"。②传呼：距离较远的情况下，大声呼喊以传达信息。③太祖：此指宋朝开国皇帝赵匡胤，庙号"太祖"。本文所叙之事，发生于赵匡胤与其父同为后周大将之时。④固：当然。⑤启闭：（城门）开与关。⑥王事：朝廷大事、公务。⑦诘（jié）旦：次日早晨。诘：次日。旦：天明。明知是友军却必须等到天明才开门放入，是担心暗夜中友军将领被敌人挟持而趁夜赚开城门。

【意译】

早先宋太祖赵匡胤和父亲赵弘殷都是五代时期后周王朝的大将。有天夜里，父亲率军在半夜时分到了儿子赵匡胤驻守的城下，呼叫开门，想进城歇息，父子也借机一聚。哪曾想，赵匡胤来到城楼上，对城门下的父亲说："父亲大人，咱们当然是最亲之人。可朝廷的规矩就在那儿，咱们再亲我也不能半夜给您开门。请您老人家凑合一下，等到天亮再进来吧！”那一夜，赵匡胤的父亲只好就寝于城门下。一直等到天亮，赵匡胤才放他进城。

【点评】

许多官员的堕落，往往是从照顾家人的不当利益开始的。起初他们对待一般人的不当要求，可以义正词严地拒绝，却对家人有了第一次的“网开一面”。这个“网”既然能开一次，就可以开第二次、第三次；能给一个家人开，也能给第二个、第三个家人开。然后就可以向别人开，尤其是别人送上“开网费”的时候。就这样他一步步地没了规矩，甚至走上了贪腐的不归路。赵匡胤的事迹警醒后世官员：做一个守规矩的官员，必须从拒绝家人的不当要求做起。

7　皇帝只是个大管家

【原文】

永庆公主[1]因[2]侍坐，与皇后同言曰："官家[3]作天子日久，岂不能用黄金装[4]肩舆[5]，乘以出入？"太祖曰："我以四海[6]之富，宫殿悉以金银为饰，力亦可办，但念我为天下守财耳，岂可妄用。古称以一人治天下，不以天下奉[7]一人。苟以自奉养为念，使天下之人何仰[8]哉！当勿复言。"

——《续资治通鉴长编》

【注释】

①永庆公主：宋朝开国皇帝、太祖赵匡胤的第三女。②因：趁着。③官家：皇帝身边的人对皇帝的昵称。④装：装饰。⑤肩舆：轿子。⑥四海：天下。按：古代的中国人以为以中国为中心的大陆分别被东、西、南、北四个大海所环绕，故以"四海"代指天下。⑦奉：奉养。⑧仰：敬慕，依赖。

【意译】

有一天，永庆公主和皇后对宋太祖赵匡胤说："陛下的那顶旧轿子，连一点金饰都没有，太寒碜了。您就让人给装饰一下呗，能费多少金子？"赵匡胤说："我手里攥着整个国库的金银，别说一辆轿子，就是整个皇宫都贴金镶银，我也做得到。

可是咱们不能把国库看成皇家的私产，那是天下人的财产，我只是个大管家罢了，怎能擅自动用？如果当皇帝就是为了享受，人民不就失望了吗？人民失望了，我这皇帝还怎么干下去？这话千万别再提了！”

【点评】

百姓缴纳赋税，才会有国库。国库是天下人的公产，百姓用国库养活了皇帝及其官府，这是不辩自明的公理。却有太多的皇帝霸占国库，视国库为私产，声称他们养活了百姓。赵匡胤对国库有着正确的认识，而且以此教育家人，在这一点上他是忠于亿万臣民和自己的职守的，在众多皇帝中，他绝对是鹤立鸡群，称之千古一帝，可谓实至名归。

8　俺闺女没嫁错

【原文】

好义[①]夜飨士[②]，麾[③]众受甲[④]，与好古、好仁[⑤]及子姓[⑥]拜决[⑦]于家庙[⑧]，嘱妻马氏曰："日出无耗[⑨]，当自为计，死生从此决矣。"马氏叱之曰："汝为朝廷诛[⑩]贼，何以家为？我决不辱李家门户。"马氏之母亦曰："行矣，勉之！汝兄弟生为壮夫[⑪]，死为英鬼[⑫]。"好义喜曰："妇人女子尚念朝廷不爱性命，我辈当如何？"众皆踊跃。……

——《宋史》

【注释】

①好义：指李好义，宋朝武将。②飨（xiǎng）士：以酒食款待、犒劳士兵。飨：以酒食款待。③麾：指挥。④受甲：领取武器（准备战斗）。甲：武器。⑤好古、好仁：李好义的兄弟李好古、李好仁。⑥子姓：泛指子孙后辈。⑦决：同"诀"，诀别，一般指不再见面的告别。⑧家庙：家族所设立供奉祖先灵位的处所。⑨耗：消息。⑩诛：杀死罪人。这里指剿灭叛将吴曦。⑪壮夫：壮士。⑫英鬼：鬼魂中的英雄。

【意译】

宋朝的时候，有个叫李好义的军官，率军镇守兴州。另一个叫吴曦的官员受到金人的蛊惑背叛宋朝，妄图把驻守的宋朝土地献给金国。听说吴曦叛变，李好义连夜犒劳将士，分发武器。他与几个兄弟和一帮老李家的后辈马上就要投入战场，于是到家庙与列祖列宗告别，又叮嘱媳妇："如果太阳出来了，还没我们的消息，估计我们已经殉国了，那时候你就逃命去吧！"媳妇骂道："你给我赶紧去打死吴曦那叛贼，别在这儿啰唆！万一是你死了，我也只有殉国、殉夫这一条路！"他的岳母也说："去吧，杀死那个叛贼！你们老李家的男儿都是好样的，这次就算你战死了，俺闺女还得追到地下给你当媳妇！俺闺女没嫁错！"大家听了母女俩的话信心倍增，满怀斗志前去战斗，不久就完成了剿灭叛贼的任务。

【点评】

将军们当然需要俸禄养家糊口，而将军的天职却是随时准备战斗以保家卫国，为此不惜献出生命；如果把俸禄与天职的关系颠倒了，在紧要关头将军就成了"长腿将军"。李好义一家平时都是用这个道理互相劝勉的。所以，出了吴曦这个叛贼，李好义便能够毅然带上老李家的男儿们一起出征，并且从妻子和岳母那里得到铿锵有力的鼓励。如此看来，家风、家教，与军队的战斗力也有着密切的关系。

9　我侄凭啥有酒胆

【原文】

开宝[①]四年，马仁瑀[②]迁瀛洲防御使。兄子尝因醉误杀平民，系狱[③]当死。民家自言非有宿憾[④]，但过误尔，愿以过失杀伤论[⑤]。仁瑀曰："我为长吏[⑥]，而兄子杀人，此怙[⑦]势尔，非过失也。岂敢以私亲[⑧]而乱国法哉？"遂论如律[⑨]，给民家布帛为棺敛[⑩]具。

——《宋史》

【注释】

①开宝：宋太祖赵匡胤的年号。②马仁瑀：五代至北宋初年名将。③系狱：囚禁于牢狱。④宿憾：旧日的怨仇。⑤论：定罪。⑥长吏：高官。⑦怙（hù）：仰仗。⑧私亲：偏袒亲属。私：偏袒。⑨如律：按法律规定的标准。⑩棺敛：亦作"棺殓"，用棺材收殓尸体。

【意译】

北宋时有位叫马仁瑀的高官，他的侄子酒后杀人，被关在监牢里等候处决。被害人的家属却出来说情，说马仁瑀的侄子是酒后犯事，本来与死者也无冤仇，请求以过失杀人罪——而不是故意杀人罪判处，可以免除死罪。马仁瑀说："我侄子的确是酒后犯事。可为什么大官家里酒后犯事的人就多呢？还不是因为他们仗着家里有权有势吗！我就更不能饶这个侄子了！”于是依法判处侄子死刑，并赔给受害者家属一大笔丧葬费。

【点评】

马仁瑀杀侄，是出于对职责的坚守，对法律的敬畏。

人之常情，大都希望为犯罪的亲人开脱，更何况受害者家属请求减刑？于此情形之下，留下侄子一条命，似也无可厚非。马仁瑀对侄子是比较了解的，知道侄子胆敢杀人，主要不是因为酗酒，而是因为潜意识里觉得有个当大官的叔叔，杀了人也不至于偿命，这才敢于行凶杀人。马仁瑀这个当叔叔的执法者，就必须大义灭亲，让侄子杀人偿命。

官，就得这样当，才对得起百姓，也才真正对得起自己的良心。

10　丈夫从了贼，我已无丈夫

【原文】

赵氏，桐城人，夫同县孙某。洪秀全①兵将至，其夫降，受署置②。咸丰③十一年，秀全兵破桐城，其夫戴黄巾④，被⑤黄袍，乘马迎赵。赵望见，大恸曰："汝非我夫也！父母遣我嫁乃诸生⑥孙某，非作贼孙某也！且汝既读书为士人⑦，岂不知孙氏望族，文武仕宦⑧不绝，而失身降贼，意气扬扬自得，我不忍见也！"起，投塘死。子数岁，从之下。

——《清史稿》

【注释】

①洪秀全：清朝晚期造反的农民军领袖，建立太平天国政权。②署置：部署设置，常指官吏的任命。③咸丰：清朝第九位皇帝的年号。④黄巾：太平天国将士的标志性头饰。⑤被：通"披"，搭衣于肩背。⑥诸生：从朝廷到地方各级学校的学生。⑦士人：古人对知识分子的泛称。⑧仕宦：做官。

【意译】

清朝晚期，太平天国的队伍快打到桐城的时候，桐城有个姓孙的书生，见太平天国势头很猛，决定跟着干，就偷偷地去投奔，太平天国给他封了个官。不久，太平军打下了桐城，孙某穿戴着太平军的黄袍、黄巾“荣归故里”，打算把家人都接去共享富贵。妻子赵氏看见失踪好久的丈夫竟然成了这般模样，震惊又悲愤。她说：“你是我丈夫吗？不！我记得父母是把我嫁给一个读圣贤书、忠君爱国的书生，而不是你这个反贼！你看看你那身衣服，还有一点人样吗？你们老孙家世代为官，你如今投靠反贼，还一副春风得意的样子？！我实在不愿看见你成了这个样子！”说完，她纵身跳下池塘自溺，她身旁几岁大的儿子也跟着跳下去淹死了。

【点评】

有原则的人，固然能够容忍夫妻间诸如生活习惯之类的差异，在原则问题上，却绝无让步的余地——那是他们不可逾越的婚姻底线。赵氏有自己的原则，那就是忠君爱国、耕读传家。当她认定丈夫违背了这些原则，她与丈夫就不共戴天，投塘自尽就成了她坚守原则的终极手段。赵氏的抉择反衬出孙某作为“男子汉大丈夫”的龌龊与投机。夫妻两人不啻天壤之别，只因为原则之有无。

11 “忠心”里面藏祸心

【原文】

陈子车[①]死，其妻与其家大夫[②]谋以殉葬[③]，定而后，陈子亢[④]至，以告曰：“夫子疾，莫养于下[⑤]，请以殉葬。”子亢曰：“以殉葬，非礼也；虽然[⑥]，则彼疾当养者，孰若妻与宰[⑦]？得已[⑧]，则吾欲已；不得已，则吾欲以二子[⑨]者为之也。”于是弗果用。

——《礼记》

【注释】

①陈子车：春秋时期的齐国贵族。②家大夫：即“家宰”，为大贵族处理家务的总管。③殉葬：以活人为死人陪葬。④陈子亢：陈子车的弟弟。哥哥陈子车去世，陈子亢则接替哥哥成为一家之主。⑤下：地下，阴间。⑥虽然：即使如此。⑦宰：主管，总管，即上文的“家大夫”。⑧得已：（殉葬的事）能够停止。已：停止，终止。⑨二子：你们两人，代指陈子车的妻子和家大夫两人。

【意译】

春秋时期，齐国贵族陈子车死了。他的妻子和管家打算用几个活人殉葬。商量好了人选，陈子车的弟弟陈子亢来了。现在他是一家之主。两人告诉陈子亢说：“现在老主人撒手去了，怕他在阴间无人奉养，我们打算用几个人殉葬。”

陈子亢说：“非得用活人殉葬吗？”他们说：“那当然了，老主人一向体弱多病，没人伺候着，他在那边可没法子过啊！”

陈子亢说：“选谁去呢？”他们说：“当然得是最忠心的和体贴的人。我们已经选好了几个。”

陈子亢说：“选忠心的和体贴的？说得对！不过，谁能比你俩更忠心和体贴呢？你们俩去不是更合适吗？”

他们俩不吱声了，殉葬的事也就算了。

【点评】

子曰：“爱之欲其生，恶之欲其死。”估计陈妻挑选的殉葬之人是几个小妾，因为小妾是情敌；家大夫所挑选的殉葬仆人，估计是他平时看着不顺眼的人。当陈子亢提出要让嫂子与家大夫自己殉葬时，他们就沉默了，因为他们所谓的“忠心”里面，包裹着的是一颗恶毒的祸心。子曰：“己所不欲，勿施于人！”愿我们时常温习夫子的这个教导，用真诚来善待我们周围的人。

二　孝

1　大清官迎强盗

【原文】

咨[①]举高第[②]，累迁[③]敦煌太守。以病免还，躬[④]率子孙耕农为养[⑤]。盗尝夜往劫之，咨恐母惊惧，乃先至门迎盗，因请为设食[⑥]。谢[⑦]曰："老母八十，疾病须养，居贫[⑧]，朝夕无储，乞少置[⑨]衣粮。"妻子[⑩]物余[⑪]，一无所请。盗皆惭叹[⑫]，跪而辞[⑬]曰："所犯无状[⑭]，干暴[⑮]贤者。"言毕奔出，咨追以物与之，不及。

——《后汉书》

【注释】

①咨：即赵咨，东汉时期官员，官至敦煌太守、东海相。为官清廉，为人俭朴。②高第：以优异成绩通过科举考试。③累迁：多次升官。迁：官职调动，多指升迁。④躬：亲自。⑤养：供养。⑥设食：以饭食招待。⑦谢：认错，表达歉意。⑧居贫：处于贫困状态。居：处在，处于。⑨置：搁置，放下。

此指留下。⑩妻子：妻子和儿女。⑪物余：日常生活必需品之外的物品。⑫惭叹：惭愧感叹。⑬辞：推辞，不接受。⑭无状：罪大不可言状。⑮干暴：冒犯侵凌。

【意译】

东汉时期，敦煌太守赵咨觉得官场乌烟瘴气，就借口生病回家务农去了。一天夜里，一伙盗贼到他家打劫，赵咨赶紧跑到大门外，亲自去迎接盗贼，对他们说："我老娘已经八十了，又卧病在床，就怕吓着她老人家，这才出来迎接各位。各位可能误会了，以为我当过大官必定有钱。其实，我当官一分钱也没贪，家里很穷。不过我也不让各位白来这一趟，你们自己看着办，除了留点粮食、衣服给家里人度命，其余的能拿走的就都拿走吧！"听到这儿，强盗的首领抽泣起来，跪在赵咨面前，说："我们弟兄这一回是有眼无珠，居然来抢您这大清官，罪该万死啊！"说完站起来，对手下的人说："愣着干吗？都给我撤！"强盗们逃走了。赵咨拿着东西在后边追着喊："别空手走，带点东西啊！"强盗们却加快了脚步，赵咨根本追赶不上。

【点评】

父母培养出赵咨这么个大孝子，大孝子成了大清官，大清官的清廉又感动了盗贼，进而拯救了全家。这是一条完美的链条，这样的链条多了，贪官就少了，盗贼也就少了，社会就安定和谐了。但愿有更多的家庭来复制这样的链条。

2 老爸升官有铜臭

【原文】

烈[①]有重名[②]于北州[③]，历位郡守九卿。灵帝[④]时，开鸿都门[⑤]，榜卖官爵，公卿、州郡，下至黄绶[⑥]各有差[⑦]。其富者则先入钱，贫者到官而后倍输[⑧]，或因[⑨]常侍[⑩]、阿保[⑪]别自[⑫]通达。是时段颎、樊陵、张温[⑬]等虽有功勤[⑭]名誉，然皆先输货财而后登公位[⑮]。烈时因傅母[⑯]，入钱五百万，得为司徒[⑰]。……

烈于是声誉衰减，久之不自安。从容问其子钧[⑱]曰："吾居三公，于议者何如？"钧曰："大人少[⑲]有英称[⑳]，历位卿守[㉑]，论者不谓不当为三公。而今登其位，天下失望。"烈曰："何为然也？"钧曰："论者嫌其铜臭。"烈怒，举杖击之……

——《后汉书》

【注释】

①烈：即崔烈，东汉大臣。②重名：崇高的威望或者盛大的名气。③北州：泛指北方幽州、并州等地方，约相当于今河北、山西部分地区。④灵帝：东汉晚期的汉灵帝刘宏。⑤鸿都门：即"鸿都门学"，东汉灵帝时期所设立的学习、研究文学艺术的高等学府，因位于东汉都城洛阳鸿都门而得名。⑥黄绶：

用来系级别较低的官印的黄色丝带，代指较低级的官职。⑦有差：有区别，不一。⑧倍输：加倍缴纳。输：缴纳。⑨因：趁着，通过。⑩常侍：官名，“中常侍”或“散骑常侍”的简称。东汉时期常侍成为由宦官专任其职、权倾朝野的重要官职。⑪阿保：抚育（皇帝）的人。⑫别自：各自。⑬段颎、樊陵、张温：均系汉灵帝时期颇具声望的大臣。⑭功勤：功劳。⑮公位：官位。⑯傅母：保姆，此指汉灵帝的保姆。⑰司徒：官名。东汉时期司徒相当于宰相，与大司马、大司空并列为“三公”。⑱钧：崔钧，崔烈的儿子。⑲少：年轻时期。⑳英称：美名。㉑卿守：上文“九卿”与“郡守”等高级官职的简称。

【意译】

东汉后期的汉灵帝刘宏，是个不靠谱的皇帝。刘宏宠信保姆和一群宦官，公开发榜出售官职，各级官职都明码标价。买官的人很多，许多以清廉著称的人坚持不住也掏钱了。有个叫崔烈的人，本是廉政楷模，也很有本事，最后也沉不住气了。崔烈走了灵帝保姆的门路，加之他的名气太大，以半价就买到了三公之一的司徒这个高官。过了一段时间，崔烈通过大家看他的眼神就知道他在大家的心目中已声望大降了，他很不安。

有一天，崔烈和儿子崔钧闲谈：“我当这个司徒，大伙儿怎么看？”崔钧说：“本来按您的品德、履历、能力，您做司徒也是顺理成章的事。现在，大家对您却很失望。”崔钧说：“那又是为何呢？”崔钧说：“大家总觉得您的官位里有一股子铜臭味，熏人！”听了儿子的话，崔烈暴跳如雷，抄起棍子就要揍他……

【点评】

作为清廉楷模的崔烈，居然也买官，让大家失望了，他自己内心也有愧。“问其子钧”，其实是渴望儿子崔钧能够“懂事地”编造一些鬼话来安慰、麻醉自己，诸如“大家都知道您老买官，是不得已；您买官，那也是为国为民……”之类。崔钧却很不“懂事”，不仅不配合父亲的自欺欺人，而且谴责父亲的官爵有一股子铜臭味。崔钧之所以这样做，是因为他顺从了自己的良知：买官是龌龊的勾当！即使这样干的人是父亲，买官仍然是龌龊的勾当，决不能因为父亲也干了，就变成正大光明的事。这正是崔钧值得学习的地方：即使父亲渴望谎言，作为儿子仍然不能违背良知。孝，不能违忤良心；与良心兼容的孝，才是真正的孝。

3 带回小车子，留给爸妈用

【原文】

原谷有祖，年老，谷父母厌憎，欲捐[①]之。谷年十有五，谏父曰："祖育儿生女，勤俭终身，岂有老而捐之者乎？是负义也。"父不从，作舆[②]，捐祖于野。谷随，收舆归。父曰："汝何以收此凶具？"谷曰："他日父母老，无需更作此具，是以收之。"父惭，悔之，乃载祖归养。

——《渊鉴类函》

【注释】

①捐：抛弃。②舆：车。

【意译】

原谷的祖父年龄大了，父亲嫌他光吃饭不干活，就打算把祖父抛弃。十五岁的原谷劝父亲说："祖父他老人家生儿育女，勤劳一辈子，您现在却把他抛弃，这也太不像话了吧？"父亲训斥他："小孩子家懂啥？一边玩去！"然后，做了一辆小车子，把老人送到荒野，扔那儿了。原谷一直悄悄跟随着父亲，还把那车子带回家去。父亲看到原谷带着车子回来，厉声骂道："干吗带这东西回来？不吉利，赶紧给我扔远远的！"原谷说："等到您年老的时候，不就省得我再做新车了？我先把小车子好好收着。”父亲大受刺激，非常后悔自己的做法，就默默地去把祖父带回家，从此好好奉养。

【点评】

小原谷面对父亲的忤逆，心平气和地据理力争，达到了孔子所提倡的“事父母几谏（委婉地劝谏）”的境界。小原谷的做法也很智慧，他的话说到了父亲的痛处，使父亲为了自己的晚年而不得不孝顺祖父。小原谷的孝心可嘉，方法可鉴。

4 田舍老公有雅趣

【原文】

父①仲子，由兴世致位②给事中③。兴世欲将④往襄阳，爱恋乡里，不肯去。尝谓兴世："我虽田舍⑤老公⑥，乐闻鼓角⑦，可送一部，行田⑧时吹之。"兴世素恭谨畏法宪⑨，譬之曰："此是天子鼓角，非田舍老公所吹。"

兴世欲拜墓，仲子谓曰："汝卫从太多，先人必当惊怖。"兴世减撤而后行。

——《宋书》

【注释】

①父：指张兴世之父。张兴世，南北朝时期南朝宋的大将。②致位：得到某种职位。致：获得。③给事中：官名或一种荣誉头衔。此指后者。④将：带。⑤田舍：田地和农舍，泛指农村、乡下。⑥老公：老年男子，老头。⑦鼓角：击打乐器"鼓"和吹奏乐器"角"，此泛指乐器。⑧行田：巡视农田。⑨法宪：法令。

【意译】

张兴世是南北朝时期南朝宋的大将，他的父亲也因为他的功勋获得给事中的头衔。张兴世打算把父亲带到襄阳去孝养，老爷子却留恋家乡，不愿意去。父亲对张兴世说："我虽是个乡下老头，却喜欢音乐。你把皇上赏赐你的乐器送我一件吧。我到田地里去的时候，兴致来了就吹奏一番，也就心满意足了！"张兴世向来敬畏国法，谨慎小心，就对父亲说："这些乐器，朝廷赏赐给谁，谁才能动用。您老人家是绝对不能动用的，那是犯法的。"父亲只好作罢。

张兴世要到祖先的坟墓祭拜，父亲说："你的跟班太多了，阵势大，会吓着列祖列宗的！"张兴世就让随从们远离墓地，自己一个人和父亲去祭拜。

【点评】

父亲要御赐乐器，是违背原则的要求，无法让步。张兴世不是简单粗暴地拒绝，而是耐心解释拒绝的理由。父亲认为祭祀的人多，会吓着亡灵。父亲是推己及人——他不喜欢大场面，因此觉得亡灵也不会喜欢大场面。在这种非原则问题上，张兴世放弃自己的观点，尊重父亲，以免引起父子间的无谓争执。

张兴世既忠于自己的职守，又很能从人格上敬重既没文化也没见过什么世面的老父亲，可谓忠孝两全。有些子女缺乏这种敬重，老人在这样的子女面前难免被弄得紧张而压抑。希望这个故事给人以启发，让子女们从人格上给予父母应有的敬重。

5　儿媳是后凋松柏

【原文】

郑义宗妻卢者[①]，范阳士族[②]也。涉[③]书史[④]，事[⑤]舅姑[⑥]恭顺。夜有盗持兵[⑦]劫其家，人皆匿窜[⑧]，惟姑不能去。卢冒刃立姑侧，为贼捽[⑨]捶几[⑩]死。贼去，人问何为[⑪]不惧，答曰："人所以异鸟兽者，以其有仁义也。今邻里急难尚相赴，况姑可委弃[⑫]邪？若百有一危[⑬]，我不得独生。"姑曰："岁[⑭]寒然后知松柏后凋，吾乃今见妇[⑮]之心。"

——《新唐书》

【注释】

①妻卢者：妻子卢氏。②士族：世代为官的名门望族。③涉：涉猎，阅读学习。④书史：典籍。⑤事：服侍。⑥舅姑：指丈夫的父亲、母亲。⑦兵：武器。⑧匿窜：隐藏逃跑。⑨捽（zuó）：揪，抓。⑩几：将近，几乎。⑪何为：为何。⑫委弃：遗弃。⑬百有一危：万一（婆婆）遇到凶险。⑭岁：季节。⑮妇：此指儿媳妇。

【意译】

唐朝时有位姓卢的女士，知书达理，孝顺公婆。有天夜里，一伙贼人手持兵器突然来抢劫。一家人纷纷逃命，婆婆却走不动，卢氏就留下来保护婆婆。贼人进门了，手里的刀寒光闪闪。卢氏就像贴身保镖一样护着婆婆，贼人们对她棍棒拳脚齐下，她几乎被打死，却硬撑着不让贼人冒犯婆婆。贼人抢劫一番，终于走了，婆婆平安了。事后有人问卢氏："你怎么就不害怕呢？"卢氏说："说不怕那是假的。就是寻思着，邻居有难咱们还要相救，要是扔下婆婆不管，不仁不义，我跟禽兽还有啥区别？再说了，万一婆婆不幸，我这做儿媳妇的也没脸活下去！"婆婆说："严冬的时候，才显出松树耐寒的本色，这次危难显出了我这儿媳妇的坚贞！"大家听了，既敬佩卢氏，又自觉羞愧。

【点评】

家庭之所以温暖，是因为家人之间的互相关爱。这种关爱是挂在嘴边的口头禅，还是已然内化的信念，在危急的时候就显出来了。面对悍匪，卢氏毅然留下来守护婆婆，因为她平时就是把对家人的关爱内化为信念的。其他的家庭成员呢？自己逃命去了，把年迈的老人抛弃了，因为他们只是把对家人的关爱当作口头禅。愿卢氏的义行能够使他们知耻而后勇。

6 代父饮鸩

【原文】

贾直言[1]，河朔[2]旧族[3]也，史失其地。父道冲[4]，以艺[5]待诏[6]。代宗[7]时，坐事[8]赐鸩[9]，将死，直言绐[10]其父曰："当谢四方神祇[11]。"使者少怠，辄[12]取鸩代饮，迷而踣[13]。明日，毒溃[14]足而出，久乃苏。帝怜之，减父死，俱流[15]岭南[16]。直言由是躄[17]。

——《新唐书》

【注释】

①贾直言：唐朝官员。②河朔：泛指黄河以北地区。③旧族：曾经显赫的家族。④父道冲：父亲贾道冲。⑤艺：才能。⑥待诏：待命内廷的官员。唐朝诗词文学、医卜画师之士，供职于内廷别院，以待诏命。⑦代宗：唐代宗李豫。⑧坐事：因事获罪。坐：因……犯罪。⑨鸩（zhèn）：传说中的一种鸟，据说将它的羽毛浸泡在酒里，可制成剧毒的毒液。⑩绐（dài）：欺骗。⑪神祇（qí）：泛指神灵。神：天神；祇：地神。⑫辄（zhé）：立即。⑬踣（bó）：向前倾倒。⑭溃：冲破，泄露。⑮流：流放。⑯岭南：中国南方五岭以南的地方，大抵相当于现在的广东、广西及海南等地，当时相对于内地较为落后蛮荒，常作为罪犯的流放地。⑰躄（bì）：腿瘸。

【意译】

唐代宗的时候，贾直言的父亲在朝廷做官，后来因事获罪。皇上派使者带着鸩毒，命令他父亲服毒自尽。他父亲照例领旨谢恩，准备服毒了，贾直言赶忙拦住父亲说：“父亲大人，请您拜谢神灵之后再服毒吧！”父亲就行礼拜谢神灵。趁着父亲拜神之际，贾直言抢过鸩毒，替父亲喝下去，随即昏迷跌倒了。没想到，第二天贾直言喝下去的那些毒却从脚下的溃烂处流出来，他悠悠转醒了！皇上听说了这事，就动了怜悯之心，饶了贾直言父亲的死罪，将他们父子俩都流放到南方。父子俩都捡了一条命，就相伴往流放地去了。从此以后，贾直言落下了瘸腿的残疾。

【点评】

贾直言代父服毒，本意是想用自己的死去感动皇帝释放父亲。至于是否能感动得了皇帝，他是没有把握的，他却拼命一试。至于“毒溃足而出”，父子俩均死里逃生，实在是出乎意料的大欢喜。

7 俘虏长得像爸爸

【原文】

王孝杰[①]，京兆新丰人。少以军功进。仪凤[②]中，刘审礼讨吐蕃[③]，孝杰以副总管战大非川[④]，为虏[⑤]执[⑥]。赞普[⑦]见之，曰："貌类吾父。"故不死，归之。

——《新唐书》

【注释】

①王孝杰：唐朝早期的大将。②仪凤：唐高宗李治的年号。③刘审礼讨吐蕃：仪凤三年（678年），吐蕃进犯凉州，朝廷派刘审礼将军为行军总管发兵讨伐吐蕃，后兵败。④大非川：地名，在今青海省境内，当时是唐朝与吐蕃的边界地区。⑤虏：古人对冒犯中原朝廷的少数民族的蔑称，此指吐蕃。⑥执：逮捕，拘押。此指俘虏。⑦赞普：吐蕃国君的称号，意为"男子汉大丈夫"。吐蕃语中，"赞"意为强大，"普"意为丈夫。

【意译】

唐朝大将王孝杰，年轻时屡立战功。仪凤三年，他跟随刘审礼大将军率军与吐蕃作战，不幸兵败被俘。王孝杰是高级将领，被带到吐蕃国君的座前。那国君一见王孝杰，立刻从座位上站起来，走到王孝杰面前仔细端详，嘴里还喃喃自语。王孝杰心想，这回死定了。没想到，国君下令释放他。王孝杰大惑不解，问是怎么回事？国君说："你该感谢我父亲大人！你长得太像他老人家了，简直一模一样！所以，我才放了你。"王孝杰为此感慨万千。

【点评】

孝顺的精髓是敬畏。许多儿女对父母没有好脸色，是因为他们失去了这份敬畏的态度。本文中的这位吐蕃国君对父亲就保持着足够的敬畏，甚至仅仅因为敌方的将领长得像自己的父亲，就把他释放了。我们未必要模仿他释放敌将的机械，他对父亲的敬畏态度，却很值得学习。

8 儿子放肆，慈母心惊

【原文】

武①在蜀②颇放肆，用度无艺③，或一言之悦，赏至百万。蜀虽号富饶，而峻掊④亟⑤敛，闾里⑥为空，然虏⑦亦不敢近境。梓州刺史章彝始为武判官，因小忿杀之。……最厚⑧杜甫，然欲杀甫数矣。……永泰⑨初，卒，母哭，且曰："而今而后⑩，吾知免为官婢⑪矣。"年四十。

——《新唐书》

【注释】

①武：指严武，唐玄宗后期的高官。②在蜀：唐时在蜀地设剑南道，大抵包括今之四川省、重庆市。"剑"指剑门关，在四川省北部。严武为剑南节度使。③艺：限度。④掊（póu）：聚敛。⑤亟（jí）：急切。⑥闾里：乡里。闾：里巷的大门。⑦虏：古人对冒犯中原朝廷的少数民族的蔑称，此指与当时剑南道相邻的吐蕃政权。⑧厚：器重，优待。⑨永泰：唐代宗的年号。⑩而今而后：从今以后。⑪官婢：被没入官府作奴婢的女子，多因受家人犯罪牵连。

【意译】

唐朝的官员严武升到了剑南节度使的高位，大致管辖着今天的四川、重庆这些地方。他做官太任性了：有时下属一句话让他高兴，就得赏钱百万；他不高兴的时候，往往因为下属的一句话就把人家杀了。他最佩服大诗人杜甫，也曾多次接济杜甫，却有好几次差点杀了杜甫。蜀地一向号称富甲天下，却被他折腾得民不聊生。

严武喜怒无常，四十岁就去世了。母亲哀哭诉说："儿啊，你是孝敬我，可我就没过上一天安生的日子。百姓吧，被你整得活不下去；官员呢，你说砍头就砍头。我白天为你提心吊胆，夜里多次梦见你被朝廷砍了头，我也受你牵连，成了官家老女奴。我时常被这噩梦惊醒。现在，我不再担心了，你自己也一路走好，在阴间可别再胡来啊！"

【点评】

严武英年早逝，母亲竟然在悲痛之余有了一丝安慰，非因母亲不仁，而是因为严武生前对待治下的官民凶暴严苛，血债累累。有了血债累累的"大孝子"，母亲就只能一直活在惊恐之中，时刻担心儿子的报应到来连累全家。严武正是孟子所说的"好勇斗很（狠），以危其父母"的逆子。

9 儿子行乞，老娘有福

【原文】

吾邑之相城[①]有一乞儿[②]，姓沈，年在中岁[③]。每诣[④]沈隐君[⑤]孟渊所请丐[⑥]。凡所得，多不食而分贮之筒篚[⑦]中。隐君初不为意[⑧]，久而问焉，则曰："将以遗[⑨]老娘耳。"隐君始异之。潜令人侦其所为。丐至一岸旁，坐地出箪[⑩]中饮食，整理之，擎[⑪]至船边，船虽陋，而甚洁。老媪[⑫]坐其中，丐登舟，陈[⑬]食母前，倾酒[⑭]，跪而奉之。伺母接杯，乃起跳舞而唱山歌作嬉笑以乐母。母殊[⑮]意安之也。必母食尽，乃更他求。若无得，则自受馁。终不先食也。日日如之，凡数年。母死，丐始不见。

——《枝山前闻》

【注释】

①吾邑之相城："吾邑"指苏州，作者祝允明的故乡。相城：地名，现为苏州市下辖行政区。②乞儿：乞丐。③中岁：中年。④诣：到（某地）。⑤沈隐君：沈诚，沈孟渊，号隐君，明朝时期苏州人，画家。⑥请丐：乞讨。⑦篚（fěi）：竹子做的容器。⑧为意：在意。⑨遗（wèi）：赠给，献给。⑩箪（dān）：古代盛饭的圆形竹器。此指前文中之"筒篚"等容器。⑪擎：托举。⑫老媪：老年妇女。⑬陈：摆列。⑭倾酒：倒酒，斟酒。⑮殊：很，极。

【意译】

明朝时期，苏州相城有个姓沈的中年乞丐，每次到沈诚先生那儿去讨饭，乞讨到的食物他基本不吃，总是把食物放到随身所带的竹器中带走。沈诚问他这是为何？他说是给老母亲留的。一个乞丐能如此孝顺吗？沈诚怀疑，就派人盯梢。盯梢的人发现：那乞丐走到一条船的旁边，将讨要来的食物整理摆放好，恭恭敬敬地上船摆到母亲身旁。食物都摆好了，他再斟上酒，跪着端给母亲。母亲开始用餐了，乞丐便唱山歌、跳舞为母亲助兴。母亲怡然自得。等侍奉母亲吃完了，他才到别处再去乞食。如果讨要不到食物，他就饿着自己。这个乞丐就这样数年如一日地孝养母亲，直到他的母亲去世之后，乞丐也就不知所踪了。

【点评】

从某种程度上讲，乞丐的老娘所享受到的，大多数“成功人士”的父母们，是不敢奢望的。因为，“成功人士”都有自己的事业，比如，要做更大的官，要赚更多的钱，要取得更多成果，他们陪伴父母很少。面对乞丐母子的其乐融融，“成功人士”该当如何评价自己的所谓“成功”？

有的子女抱怨父母让自己成了穷二代，他们整天哭丧着脸，不能给父母带来安慰和幸福，却成了父母心里的大石头。愿乞丐的事迹能使他们快乐起来，搬掉他们父母心里的石头。

10　竹筒寄鱼

【原文】

杜孝，巴郡人也。少失父，与母居，至孝。充役在成都。母喜食生鱼①，孝于蜀截大竹筒，盛鱼二头，塞之以草，祝②曰："我母必得此。"因投中流③。妇④出汲⑤，乃见筒横来触岸，异而取视，有二鱼，含笑曰："必我婿⑥所寄。"熟而进⑦之。闻者叹骇。

——《孝子传》

【注释】

①生鱼：活鱼。生：活的。②祝：祷告，祈愿。③中流：江河的中央。④妇：妻子。⑤汲：打水。"汲"字原本作"渚"，不通。据其他文献改为"汲"。⑥婿：丈夫。⑦进：奉上，呈上（给……吃）。

【意译】

巴郡有个叫杜孝的人，名如其人，是个大孝子。杜孝服役去了成都，仍惦记着母亲喜欢吃活鱼，就截了个大竹筒，弄两条活鱼塞进去，用草把竹筒堵上，放在江里，让竹筒往老家顺流漂去。他祈祷说："愿苍天成全我这份孝心，让我母亲吃到这两条活鱼吧！"有一天，杜孝的妻子到江边打水，看见江中一支竹筒往岸边漂来，她觉得奇怪，就顺手捞过来一看，里面有两条活鱼！妻子会心一笑，说："这必定是夫君寄来孝敬婆婆的！"就高兴地拿回家，把鱼做给婆婆吃了。大家听说了此事，都惊叹不已。

【点评】

杜孝"寄鱼"的故事很离奇，却有着有益的启示：别把孝敬父母的事看得太沉重，孝也能够是一种快乐，甚至也可以幽默。孝，未必需要感天动地的壮举，就像杜孝，心里惦记着母亲，遥寄两条鱼就足够了。母亲能不能吃到那两条鱼，其实并不重要，因为杜孝夫妻对老人家的孝敬就是更新鲜、美味的"鱼"。故事中的妻子还真的捞起了装着鱼的竹筒，这大概是人们的善良愿望吧。

11　弃考探母

【原文】

司马池[①]，字和中。……举进士[②]，当试殿庭而报母亡，友匿其书。池心动[③]，夜不能寐，曰："吾母素多疾，家岂无有异乎？"行至宫城门，徘徊不能入。因语其友，而友止[④]以母疾告，遂号恸而归。后中第，授永宁主簿。

——《宋史》

【注释】

①司马池：北宋官员，司马光的父亲。②举进士：（参加）进士科考试。进士科由朝廷主考，通过此考试者即成为进士。③心动：内心有所触动，有异常的感觉。④止：只。

【意译】

北宋时有个叫司马池的书生，进京参加进士科考试。即将考试的时候，家里派人送来丧报，他的母亲不幸去世了。信送到的时候，碰巧司马池不在，他的一个好友代他收下了这封信。这位好友担心影响司马池考场发挥，就把丧报隐瞒了。那天夜里，司马池莫名其妙地有了一种强烈的不祥预感，辗转反侧难以入眠，不禁喃喃自语："母亲大人身体一向欠佳，难道她老人家有情况？"

虽然如此，司马池还是要在第二天硬着头皮前往皇宫参加考试。走到皇宫门前，他的不祥预感越发强烈，在宫门前久久徘徊，心里一团乱麻，感觉已经无力参加这场考试了。司马池向那好友倾诉道："老兄，在这个节骨眼上，我就是有一种不祥预感，而且越来越强烈。我这究竟是怎么了？"好友听了不禁惊叹司马池母子连心，只好说出代他收到了家书，却只说他母亲病情加重，仍隐瞒了他母亲已经去世的消息。司马池听了却悲哀痛哭，立刻踏上了归途，就这样放弃了这次考试。

在后来的进士考试中，司马池顺利过关，被授予永宁主簿的官职。

【点评】

司马池的家人固然希望他金榜题名，却认为比起孝敬父母等品质的培养，金榜题名是次要的，所以他们明知司马池正在参加科举考试，仍然将母亲去世的噩耗通知他——宁愿承受噩耗导致他名落孙山的后果。

传统社会官本位意识浓烈，太多的家庭视做官、升官如命根子，科举考试是他们压倒一切的"大业"。司马池和家人却分得清轻重缓急，更看重亲情和孝道，弥足珍贵。或许正是有了这样的家风，司马家才能培养出司马光这样的名臣吧。

12　曾子受杖

【原文】

曾子①耘瓜②，误斩其根，曾皙③怒，建④大杖以击其背。曾子仆地而不知人⑤久之，有顷乃苏，欣然而起，进于曾皙曰："向⑥也参得罪于大人，大人用力教参，得无⑦疾乎？"退而就房，援⑧琴而歌，欲令曾皙而闻之，知其体康也。

孔子闻之而怒，告门弟子曰："参来勿内⑨。"曾参自以为无罪，使人请于孔子。子曰："汝不闻乎？昔瞽叟⑩有子曰舜，舜之事⑪瞽叟，欲使⑫之，未尝不在于侧；索而杀之，未尝可得。小棰⑬则待过⑭，大杖则逃走，故瞽叟不犯不父⑮之罪，而舜不失烝烝⑯之孝。今参事父，委身⑰以待暴怒，殪⑱而不避，既身死而陷父于不义，其不孝孰大焉？汝非天子之民也，杀天子之民，其罪奚若⑲？"曾参闻之曰："参罪大矣！"遂造⑳孔子而谢过。

——《孔子家语》

【注释】

①曾子：曾参，春秋时期鲁国人，曾皙之子，以至孝著称，是孔子的弟子。②耘瓜：在瓜地锄草、松土。耘：用锄头锄草、松土。③曾皙：曾点，字子皙，春秋时期鲁国人，是曾参之父，也是孔子的弟子。④建：操，拿起。⑤知人：懂人事，清醒。

⑥向：旧时，以往。此指刚才。⑦得无：反问或推测，意为“怎能不”。⑧援：执，拿着。⑨内：同“纳”。⑩瞽（gǔ）叟：圣人舜的父亲。瞽叟是盲人，屡次设计谋杀儿子舜，总是不能得逞。屡次大难不死的舜对他却愈加孝敬。瞽：盲，瞎。⑪事：侍奉，服侍。⑫使：使唤。⑬棰（chuí）：本意是短木棍，此作动词用，以短木棍殴打。⑭待过：待罪，指挨打。⑮不父：不像父亲，此指杀死儿子。⑯烝烝：形容孝德之厚美。⑰委身：弃身，不顾惜生命。⑱殪（yì）：死。⑲奚若：何如。⑳造：拜见，拜访。

【意译】

有一天，孔老夫子的得意门生曾参，和父亲一起在瓜田除草。一不小心，一颗瓜苗被曾参锄断了。眼尖的父亲一眼瞥见了那棵被锄断的瓜苗，勃然大怒，抡起一根大木棒就朝着曾参打过去。曾参摇晃了两下，一头栽倒在瓜田里，不省人事了。过了好一会儿，曾参悠悠转醒，他想：老师一向教导弟子们做孝子，现在不就是做大孝子的良机吗？于是，他装出很高兴的样子，问父亲：“刚才，您用力教训我，没闪着腰吧？”回到家里，他又弹琴又唱歌，以便让父亲知道，虽然挨了大棒，他的身体状况仍然是良好的。

之后曾参便前往孔子那儿去上课，没想到吃了闭门羹。原来，孔子已先听说了瓜地发生的事，他非常愤怒，吩咐弟子们：“曾参这小子来了，不要让他进门！”曾参很郁闷，就托人向老师求问原因。孔子回话说：“从前有个叫瞽叟的老头，老想谋杀他的儿子舜。舜发现苗头不对就躲远远的，可是只要他父亲瞽叟想让他干活，舜又能立刻现身照办。舜既尽了孝道，他的父亲也不会背上杀儿子的恶名。人家舜多机灵！你呢？直挺挺地等在那儿挨揍。你挨揍死了是小事，你父亲背上了杀子的恶名事可就大了。你还美滋滋地以为自己是个大孝子，是吧？”听了老师的话，曾参恍然大悟，说：“弟子真是不孝啊！保证以后不敢这样做了。”孔子说：“这还差不多，进来吧。”

【点评】

作为父亲的曾点，家庭暴力倾向明显，已经严重威胁着儿子的生命安全。曾点、曾参这对父子，均是孔子的学生，孔子不是训斥施暴的父亲曾点，而是谴责受害的儿子曾参，并向曾参传授“小棰则待过，大杖则逃走”的“锦囊妙计”——这个“锦囊妙计”其实很不靠谱：那些有着暴力倾向的父母，在殴打孩子时往往越打越来劲，情绪很容易失控，如何掌控“小棰”何时演变为“大杖”？挨揍的子女感觉到“小棰”即将演变为“大杖”的一刹那，是否还能挣脱得了情绪失控的父母？

这是伟大的孔子的考虑不周全，白璧之瑕。

子女的确应该敬畏父母——在这一点上，孔子对孝道的提倡并没有错；而父母也永远不能忽略子女的平等的人格——我们应该特别注重两者之间的平衡，若能在平衡的基础上，使得父子亲情再添加些友谊的元素，那就算是锦上添花了。

三　仁

1　一言暖三子

【原文】

闵子骞[①]早丧母，为后母所苦[②]，冬月以芦花[③]衣之。其所生二子则衣之以绵[④]。父令闵子御车[⑤]，体寒失靷[⑥]。父责之，闵子不自理[⑦]。父察知之，归谓妇曰："我所以娶汝，乃为吾子。今汝欺我，去无留！"子骞前曰："母在一子寒，母去三子单[⑧]。"其父默然。

——《说苑》

【注释】

①闵子骞：春秋时期鲁国人，孔子的弟子。②苦：使困苦，此指虐待。③芦花：芦苇所开的花，柔软蓬松，易碎裂，保暖性差。④绵：蚕丝结成的片或团，供絮衣被等。⑤御车：驾车。⑥失靷（yǐn）：控制驾车牲口的皮带从手中脱落。靷：系在车子与拉车的牲口之间，用以手持引导车辆前行的皮带。

⑦自理：为自己申诉、辩护。⑧单：衣服单薄，此引申为陷入困境。

【意译】

春秋时期，有个叫闵子骞的少年，母亲去世得早，后母可把他给坑惨了。寒冬腊月的，后母给他做的冬衣里塞的都是芦花，根本就不保暖。后母的两个亲生儿子都穿得暖暖和和的。有一天，父亲有事出去，让闵子骞驾车。闵子骞冻得控制不住牲口，父亲责备他，他也不辩护。父亲奇怪他怎么冻得浑身发抖，仔细察看后才发现，儿子冬衣里塞的都是芦花，他的手早就被冻僵了！父亲心疼儿子，回家后就怒气冲冲地对后妻说："我娶你，就是要你照顾好子骞。你竟干出这种事来，赶紧给我滚吧！"闵子骞说："父亲大人息怒！我受寒，确实是后母的错。可您要是真的把她休了，我们弟兄三人都得受寒，您老人家也不好过啊！"听了儿子的话，父亲沉默了半天，不再提休妻的事了。

后母受到极大震动，从此再也不虐待闵子骞了。

【点评】

当父亲要休掉后母的时候，闵子骞挽留后母，那的确是仁恕的美德，是顾全大局，值得学习。而在此前，闵子骞长期默默忍受后母的虐待，那不是仁恕，而是对后母的纵容。如果他能够在被后母虐待之初，就向父亲说出实情，父亲会尽早制止后母的错误，自己也免于被虐待，那就更好了。当代青少年可以学习闵子骞仁恕的美德以及顾全大局的意识，却绝不能模仿闵子骞对虐待的纵容。一旦受到他人的虐待、欺凌，就应该尽早向能够提供保护的相关人士或者权力机关报告，这既是自我保护的需要，也是制止错误或罪恶的义举。

2 “赎死券”终成催命符

【原文】

隆虑公主[1]子昭平君[2]，尚[3]帝[4]女夷安公主[5]。隆虑主病困[6]，以金千斤、钱千万为昭平君豫[7]赎[8]死罪，上[9]许之。隆虑主卒，昭平君日骄，醉杀主傅[10]，狱系内官。以公主子，廷尉[11]上请[12]请论[13]。左右人人为言：“前又入赎，陛下许之。”上曰：“吾弟[14]老有是[15]一子，死以属[16]我。”于是为之垂涕叹息，良久曰：“法令者，先帝所造[17]也，用[18]弟故而诬[19]先帝之法，吾何面目入高庙[20]乎！又下负万民。”乃可[21]其奏，哀不能自止，左右尽悲。

——《汉书》

【注释】

①隆虑公主：汉景帝刘启的女儿，汉武帝刘彻的妹妹，因嫁给隆虑侯陈蟜（jiǎo），故称“隆虑公主”。②子昭平君：隆虑公主的儿子昭平君。③尚：仰攀婚姻，地位低的男子娶地位高的女子。④帝：此指汉武帝刘彻。⑤夷安公主：汉武帝刘彻的女儿。⑥病困：病危。⑦豫：同“预”，预先。⑧赎：用财物抵罪。⑨上：皇上，此指汉武帝。⑩主傅：教导、保育公主的老年妇人。傅：辅导，教导。⑪廷尉：掌管司法的高官。⑫上请：汉代的司法原则之一。皇亲国戚或高官犯罪，司法官

员无权直接处罚，只能提出意见上报皇帝，由皇帝亲自作出判决。⑬请论：依法定罪，此指判定杀人偿命的死罪。论：定罪，判罪。⑭弟：即“女弟”，妹妹。⑮是：代词，这。⑯属：通“嘱”，托付，委托。⑰造：制定。⑱用：因为。⑲诬：抹杀，违背。⑳高庙：宗庙。㉑可：同意，准许。

【意译】

汉武帝的妹妹隆虑公主，年纪不小了才生下宝贝儿子昭平君。昭平君长大后又娶了汉武帝的女儿夷安公主，他既是汉武帝的外甥，又是汉武帝的女婿，成了双料的皇亲国戚。可惜昭平君很任性，犯了许多事儿，换了别人早就蹲大狱去了，只因他的身份特殊，才能在监狱外面逍遥。昭平君的胆子越来越大，所作所为越来越荒唐，隆虑公主整天为儿子捏着一把汗。

隆虑公主病危的时候，她的哥哥汉武帝来看她，她居然想出一个“妙招”，就对汉武帝说：“皇兄啊，如果我儿子在我死后犯了该死的罪，求您一定免他一死。我愿意拿出黄金千斤，再加上一千万钱，就当作是给我儿子买了一张赎死券。求您一定答应我！”汉武帝愣了一下，还是答应了，隆虑公主立刻就闭眼了。后来，昭平君果然弄出了人命案。那天他喝醉了酒，把伺候、教导公主的老妇人杀了。出了人命，司法官员就把昭平君逮起来，然后上奏汉武帝，请求依法判处他死刑。汉武帝让大臣们讨论此事。许多大臣都说，既然昭平君有赎死券，就饶了他吧。听了大臣们的意见，汉武帝说：“大汉的法律，那都是先帝们制定的。饶了他，就违背了列祖列宗，我百年之后还有脸进宗庙吗？又怎么向百姓交代！法律都能违背，大汉还是大汉吗？我当时答应老妹，那只是让她安心闭眼罢了，哪能给什么赎死券啊？！”最终，汉武帝同意了司法官员的请求，判处昭平君死刑。签署判决书之后，汉武帝伤心流泪，好长时间都缓不过劲儿来。

【点评】

昭平君已经很任性了，母亲隆虑公主又花大价钱给他弄了一张“赎死券”，这就等于在儿子该踩刹车的时候，却帮着猛踩了油门，一脚把儿子送进了鬼门关。

隆虑公主能够把这一脚踩下去，是因为她的皇帝哥哥汉武帝的协助。汉武帝之所以答应卖给妹妹一张“赎死券”，只是安慰妹妹的“善意的谎言”。而在昭平君的心里，这张“赎死券”却实实在在、货真价实，在他的潜意识里，反正钱都花了，那张“赎死券”不用也白搭，终于犯下命案，让“赎死券”成了他的催命符。

3 大臣“兼职”美容师

【原文】

敞[1]为京兆[2]，朝廷每有大议，引古今，处便宜，公卿皆服，天子数从之。然敞无威仪……。又为妇[3]画眉，长安中传张京兆眉怃[4]。有司[5]以奏[6]敞。上[7]问之，对曰：“臣闻闺房[8]之内，夫妇之私，有过于画眉者。”上爱其能，弗备责[9]也。然终不得大位[10]。

——《汉书》

【注释】

①敞：即张敞，西汉宣帝时期德才兼备、政绩卓越的大臣。②为京兆：做首都行政区的长官。京兆：西汉的都城辖区，包括都城长安及其周边地区。③妇：妻子。④怃（wǔ）：通“妩”，美好的样子。⑤有司：有关的官吏，此指纠察风纪的官员。按：朝廷设官，各司其职，故称“有司”，类于今之“有关部门”。⑥奏：上奏章检举、揭发。⑦上：皇上，此指汉宣帝，西汉王朝第十位皇帝。⑧闺房：内室，此指夫妻的卧室。⑨备责：求全责备。⑩大位：显贵的官位，指丞相等高级职位。

【意译】

西汉大臣张敞，做了都城长安的行政长官。每当朝廷议论国家大事，张敞都能引经据典，处理得当，大臣们都非常佩服他，皇帝也多次听从他的意见。但是张敞没有做官的威仪，他经常在家给妻子画眉毛，他妻子的漂亮眉毛成了都城长安的一道风景。掌管纠察的官员就向皇上举报这事儿。皇上把张敞叫来责问："你为夫人画眉的事儿是否属实？"张敞回答："属实。不过，那是在我们夫妻的卧房之内画的。陛下是过来人，想必知道，卧房之内夫妇的亲昵，比画眉热烈的事儿也是有的。"皇上干笑两声，只好说："退下去吧！"皇上觉得张敞有些不正经，因为爱惜他的才能也就不再计较，却也不愿把张敞提拔到更高的职位上去了。

【点评】

在现代人眼里，张敞在家中能做到夫妻恩爱，在外做官也极有能力，连皇上都十分赏识他的才干。他身上唯一欠缺的就是一点点威仪，正是这点欠缺居然影响到了个人的职务升迁，实在可惜。

在我们看来，一个人是否有外表上的威仪，与仕途关系不大。但在古代，"威仪"在"礼仪之邦"的中国可不是小事情。《唐律名例疏议释义》中说："中华者，中国也。亲被王教，自属中国。衣冠威仪，习俗孝悌，居身礼义，故谓之中华。""威仪"乃是西周礼乐制度的人格显现，也是官员们奉行儒家修身规范、重视个人行止"温而厉，威而不猛"的表现。所以，皇上对臣子们的威仪也是很看重的，"臣有臣之威仪，其下畏而爱之，故能守其官职，保族宜家"(《左传》)。这样看来，皇上对张敞的"失仪"没有给予降级处分已经算是宽容的了。

4 以己之贫，济兄之富

【原文】

郑均[1]字仲虞，东平任城人也。少好黄老[2]书。兄为县吏，颇受礼遗[3]，均数谏止，不听。即脱身[4]为佣，岁余，得钱帛，归以与兄。曰："物尽可复得，为吏坐臧[5]，终身捐弃。"兄感其言，遂为廉洁。

——《后汉书》

【注释】

①郑均：东汉时期人，乐于助人，屡辞官府征召。汉章帝亲自征召，不得已入朝为官，至尚书，后托病辞官还乡。②黄老：即道家思想。"黄"，指传说中的黄帝；"老"，指春秋道家学派的创始人老子。道家以黄帝、老子为宗师，故又称道家为"黄老"。③礼遗（wèi）：馈赠之物。遗：赠予，馈赠。④脱身：抽身。⑤坐臧：同"坐赃"，犯了贪污罪。

【意译】

东汉的郑均，年轻时就崇信道家，是个清静无为的人。他的哥哥在县里做官，经常收受礼物和钱财，郑均多次劝阻，哥哥都听不进去，对这位多管闲事的弟弟渐渐也有点不耐烦了。过了一段时间，哥哥发现弟弟再也不去烦他了，原来弟弟郑均外出打工去了。哥哥心里暗笑："老弟，原来你也知道钱财是好东西啊，咱哥俩各挣各的，不就对了吗！"

一年多的时间过去了，郑均打工回来了，他把打工赚到的钱和丝绸，都给哥哥送去了。哥哥一脸的愕然，说："你辛苦一年多，赚这点钱和丝绸，何必都送给我呢？是不是有什么事需要哥在县里给你摆平？你直说就是了。咱们可是亲兄弟，帮再大的忙，也不能收你的礼啊！"郑均说："绝对没有任何事需要麻烦哥哥。只因为眼见哥哥手头紧，我这当弟的，不能袖手旁观啊。"哥哥说："我手头紧？你开玩笑吧？我这好歹是个官员，家底儿总比你厚实一些吧？"郑均说："既然家底厚实，哥哥为何还收受财礼？那是贪污啊！差钱的话，可以赚回来，就像我打工那样；要是贪污被查着了，你这辈子就完了，咱老郑家也得跟着遭殃啊！"听到这儿，哥哥大为感动，忙说："好弟弟，别再说了，哥知道你是真心疼我。就冲着你这份苦心，哥改！"从此，哥哥成了一个廉吏。

【点评】

哥哥正在踏上贪腐的不归路，作为弟弟的郑均深知这条路的凶险，他这个做弟弟的，苦劝无效，却并无其他有效制止的法子。忧心如焚之下，郑均想出了打工的妙招。打工的目的，仅仅是为开导哥哥创造一个话题，制造一个场景，使他所施行的思想教育能够水到渠成，让哥哥入耳、入心，用心可谓良苦。哥哥看到了钱帛背后弟弟的那颗几乎可以触摸的爱心、忧心，因此才幡然悔悟。可见，家人之间互相教育，应该出于真爱、深爱，想出因材施教的法子才有可能奏效，否则的话，不仅无效，甚至适得其反。

事实上，郑均的哥哥去世后，真的没有留下什么财产，郑均又承担起抚养家境贫寒的寡嫂及侄儿的担子。

后来郑均官拜尚书，皇帝褒奖他勤于政务，抱病工作，到了老年也毫不懈怠，愈加坚贞不移地“守善”。皇帝还曾亲临任城，来到郑均家中，当面赐给他终身享受尚书俸禄的荣誉。郑均已是无职白衣人，仍享受尚书俸禄，所以人称“白衣尚书”。唐代大诗人李白，曾在古任城县县衙大厅的墙壁上挥毫写下《任城县厅壁记》，称颂“白衣尚书之旧里，土俗古远，风流清高……”

5 刘宽自有“狭窄”处

【原文】

刘宽[①]字文饶……。温仁[②]多恕[③]，虽在仓卒[④]，未尝疾言[⑤]遽色[⑥]。……尝坐客[⑦]，遣苍头[⑧]市[⑨]酒，迂久[⑩]，大醉而还。客不堪之，骂曰：“畜产。”宽须臾遣人视奴，疑必自杀。顾左右曰：“此人也，骂言畜产，辱孰甚焉！故吾惧其死也。”

夫人欲试宽令恚[⑪]，伺当朝会[⑫]，装严[⑬]已讫[⑭]，使侍婢奉肉羹，翻污朝衣。婢遽收之，宽神色不异，乃徐[⑮]言曰：“羹烂[⑯]汝手？”其性度[⑰]如此。海内称为长者[⑱]。

——《后汉书》

【注释】

①刘宽：东汉王朝的宗室、名臣。②温仁：温厚而仁爱。③恕：宽恕。④仓卒：亦作“仓促”“仓猝”，意为匆忙之间。卒：同“猝”，仓促，突然。⑤疾言：急促、慌张地说话。⑥遽色：着急、愤怒的脸色。遽：仓促，匆忙。⑦坐客：款待客人落座宴饮。⑧苍头：奴仆。⑨市：购买。⑩迂久：良久，许久。⑪恚（huì）：愤怒，生气。⑫朝会：诸侯、臣属等朝见皇帝。⑬装严：装束整齐。⑭讫（qì）：完毕。⑮徐：缓慢。⑯烂：烫伤，灼伤。⑰性度：性情与气度。⑱长者：待人厚道的人。

【意译】

刘宽是个宽容仁厚的君子，遇到什么事他也不着急，不生气。有一回，刘宽招待客人，大家喝得痛快，酒没了，就叫一个仆人去买。这仆人本来就好这口，路上酒瘾发作，自己先喝得醉醺醺的，过了许久才回来。有个客人受不了这奴仆，就骂道："你这狗娘养的，我们在这边干等着，你自己倒喝得痛快！"那仆人自知理亏，就羞愧地退下了。刘宽马上派人去照看一下那个仆人。那个骂人的客人说："这狗奴才这副德行，你还关照他干吗？"刘宽解释说："他明明是个人，你却骂他是狗娘养的。骂人的话还有比这更狠的吗？我怕他自杀啊！"那客人听了，觉得很不好意思。

刘宽从来都没生过气，他的夫人甚至怀疑丈夫不会生气。有一天，待刘宽准备上朝，穿戴整齐了，夫人让侍女送上肉汤时故意碰翻肉汤弄脏了刘宽的官服。侍女装出惊恐的样子，赶紧收拾。刘宽却神情自若，从容地问那侍女："这热汤烫伤手了吧？"刘宽心胸宽广，从不慌张，天底下的人都称赞他是忠厚的长者。

【点评】

刘宽待仆婢尚且宽厚，而那位到刘宽府上做客的贵宾，却遭到他的当面批评，被弄得很难堪。刘宽如此较真，是因为他"狭窄"吗？非也，而是因为那贵宾所骂的"畜产"那句脏话实在太过分，他怕仆人受辱自杀。

前后两件事里，刘宽始终最关心的是人啊。

6　卧病识继母

【原文】

汉中[①]程文矩妻者，同郡李法之姊也，字穆姜，有二男，而前妻四子。文矩为安众[②]令，丧于官[③]。四子以母非所生，憎毁日积，而穆姜慈爱温仁[④]，抚字[⑤]益隆，衣食资供皆兼倍所生。或谓母曰："四子不孝甚矣，何不别居[⑥]以远之？"对曰："吾方以义相导，使其自迁善[⑦]也。"及前妻长子兴遇疾困笃[⑧]，母恻隐自然，亲调药膳[⑨]，恩情笃密[⑩]。

兴疾久乃瘳[⑪]，于是呼三弟谓曰："继母慈仁，出自天受[⑫]。吾兄弟不识恩养，禽兽其心。虽母道[⑬]益隆，我曹[⑭]过恶亦已深矣！"遂将[⑮]三弟诣[⑯]南郑[⑰]狱，陈母之德，状己之过，乞就刑辟[⑱]。县言之于郡，郡守表异[⑲]其母，蠲除[⑳]家徭，遣散四子，许以修革[㉑]。自后训导愈明，并为良士[㉒]。

——《后汉书》

【注释】

①汉中：汉中郡，因在汉水中游得名。②安众：县名。③丧于官：做官期间去世。④温仁：温厚而仁爱。⑤抚字：抚养。字：哺育，养育。⑥别居：分家。⑦迁善：去恶为善，改过向善。迁：变动，转变。⑧困笃：病重，病危。笃：病情严重。⑨药膳：药物与饮食搭配，用于保健。⑩笃密：感情深厚、

亲密。笃：厚实。⑪瘳（chōu）：病愈。⑫天受：上天的给予，本能。⑬母道：为母之道，此指继母的崇高品德。道：道德、天性等。⑭我曹：我们。曹：等，辈。⑮将：带领。⑯诣（yì）：到（某地）。⑰南郑：地名，属于汉中管辖。⑱刑辟：刑法，刑律。⑲表异：表彰。⑳蠲（juān）除：废除，免除。蠲：免除。㉑修革：改正革新。㉒良士：品德高尚的人。

【意译】

东汉的时候，有个叫程文矩的官员，续娶了一个叫李穆姜的女子，和穆姜生了两个儿子。程文矩在当安众县令期间不幸去世了。程文矩和前妻生的四个儿子整天和穆姜过不去，时常刁难她，还到处散布穆姜的谣言。穆姜却不跟他们计较，对他们更加宽厚仁慈，供养他们的衣服和饮食远远超过自己的两个亲生儿子。有人劝穆姜说："你这是何苦呢？前妻的那几个熊孩子都狼心狗肺的，你还不赶紧跟他们分家，各过各的算了，你又不欠他们的！"穆姜说："他们也就是一时糊涂。要是现在就把他们撵走了，他们可能真的就变坏了。再说了，我撒手不问，怎能对得住丈夫的在天之灵呢？"

后来，长子程兴生了重病，长期卧病在床。穆姜一直给他熬药喂饭，真是操碎了心。终于，程兴良心发现，知道继母是真心爱他们。过了好久，程兴的病好了，就把三个弟弟叫过来，说："继母原来是个天生的慈母，她对我们那是真心关爱。我们简直就是禽兽，如此不孝，犯下了滔天的忤逆大罪。我们一起到官府去自首吧！"于是，兄弟四个就到官府陈述继母的大恩大德，陈述自己忤逆的罪行，请求严惩。官员听了，觉得穆姜是一位了不起的继母，对她进行了表彰，还豁免了她家的徭役。官府也不追究兄弟四人的罪，让他们回去，改过自新就行了。从此以后，穆姜对他们兄弟四人更加悉心教导和关爱，兄弟四人都成了知书达理的好人。

【点评】

穆姜用行动诠释了一个真理：坚持爱心和宽恕可以消弭误解，化解怨恨。

7　散财寓厚爱

【原文】

国[①]生像[②]。国有资财二亿，家僮八百人。像幼有仁心，不杀昆虫，不折萌牙。能通京氏《易》[③]，好黄老言。及国卒，感多藏厚亡[④]之义，乃散金帛资产，周施亲疏。

或谏像曰："君三男两女，孙息[⑤]盈前，当增益产业，何为坐[⑥]自殚竭[⑦]乎？"像曰："昔斗子文有言：'我乃逃祸，非避富也。'[⑧]吾门户殖财日久，盈满[⑨]之咎[⑩]，道家所忌。今世将衰[⑪]，子又不才。不仁而富，谓之不幸。墙隙而高[⑫]，其崩必疾[⑬]也。"智者闻之咸服焉。

自知亡日，召宾客九族[⑭]饮食辞诀[⑮]，忽然而终。时年八十四。家无余资，诸子衰劣，如其言云。

——《后汉书》

【注释】

①国：折国，东汉人。②像：折像，东汉末年人士。③京氏《易》：西汉末年学者京房阐释的《易经》。④多藏厚亡：老子之语。意谓：积聚很多财富却不愿周济别人，招致众怨，最后损失更大。⑤孙息：子孙。⑥坐：因为。⑦殚竭：竭尽，用尽。⑧"斗子文有言"一句：斗子文，春秋早期楚国宰相。楚王多次要增加他的俸禄，都被他拒绝。有人问他为何逃避富贵？斗

子文说："百姓都很穷，我再增加俸禄，这不就是抢劫百姓吗。所以，我不是逃避富贵，我是在躲避横死啊！"⑨盈满：财富或权势等过盛。⑩咎：罪过，过失。⑪衰：衰落。此指（社会）由安定变为动荡、混乱。⑫墙隙而高：墙有了裂缝却又很高，形容危险。⑬疾：迅速，快。⑭九族：含义有不同说法，这里泛指近族及近亲。⑮辞诀：诀别。

【意译】

折国生了个儿子叫折像。折像满有仁爱之心，地上的昆虫他不踩，植物的嫩芽也不摧折。折像的父亲是个大财主，家里堆着金山银山。后来，父亲去世了。他深受老子"多藏厚亡"思想的影响，不愿为财所累。现在，折像继承了父亲的金山银山，他可不愿像父亲那样活着，他要活得潇洒些。他把亲戚们都请来，把绝大部分财物都分给了他们，甚至关系比较疏远的亲戚也满载而归。散了财，折像的心平静了。

折像有个老朋友，批评他："老折啊，你儿孙满堂，本该为儿孙再多赚些钱，你却把钱财都败光了，一点儿也不疼爱他们。你太不像话了！"折像说："从前，楚国有个叫斗子文的宰相，楚王屡次要增加他的俸禄，斗子文总是拒绝。有人问他是不是跟钱财有仇？斗子文说：'百姓都穷得叮当响，我再猛涨俸禄，百姓们还不恨得要把我吃了吗？我跟钱财有什么仇？只是想保住小命罢了！'说到我们折家，财富一直在增殖。财富太盛，是受天道忌恨的。我信奉道家，这你是知道的。"那老友似懂非懂地略微点头。折像接着说："咱们再聊点现实的。你觉得我这几个孩子本领怎么样？"那老友说："倒真的很一般。"折像说：

“凭我的估计，不久将天下大乱。到那时，他们一个个人傻钱多，还不成了人家的活靶子？破了财是小事儿，恐怕小命难保啊！”听到这儿，那老友恍然大悟，竖起大拇指，说：“你是高人。散财才是真爱他们啊！”人们这才明白了折像的心思。

日月如梭，折像渐渐成了耄耋老人。有一天，他觉得自己的大限之日已到，就把亲朋故旧们都请来，一起吃顿饭。席间他还跟众人道别，大家也没有在意。不料，折像真的走了！那一年，折像八十四岁。

折像去世之后，天下果然大乱。他的儿孙们过着普通人的日子，从来都没被贼盯上，因为他们没什么钱财。

【点评】

折像给我们提供了一个关于遗产的新概念：遗产一定不是多多益善，应该有个度。这个“度”，就是使人们在一定时期可以作为普通人生活下去的成本。超过这个度，很可能就是隐患。

8　哥哥不该穿劣衣

【原文】

李铨[1]，平丘人也。少聪慧，有至行[2]。铨兄，前母子，后母甚不爱也，而衣食皆使下[3]铨。铨始年五岁，觉己衣服胜[4]兄，即脱不着[5]，须兄得己同，然后服之。其母遂不得有偏。

——《陈留志》

【注释】

①李铨（quán）：三国时期人。②至行：卓绝的品行。③下：不如。④胜：超过。⑤着：穿（衣）。

【意译】

三国时期，有个叫李铨的小孩，他有个同父异母的哥哥。李铨的母亲是继母，对这个哥哥很刻薄，各种待遇比李铨差远了。李铨五岁的时候，看出了母亲的偏心眼儿，觉得哥哥很可怜，就想办法纠正母亲的做法。母亲再给他穿好衣服的时候，他就嚷着："我要跟哥哥穿得一样！"妈妈哄他说："哥哥皮粗肉糙的，穿那种衣服最好了。你是小孩子家，细皮嫩肉的，哪能穿他那种衣服呢！"李铨说："你哄人，我不信！"说着，就把衣服脱下，怎么都不肯穿上。李铨的母亲知道这小家伙是较真

了，没办法，从此只好对兄弟俩一视同仁。

【点评】

第一，小李铨为何如此关爱同父异母的哥哥？我们有理由推测：他的哥哥也是非常关爱他的。所以，关爱别人，就是关爱自己，这个道理在家庭与社会都同样适用。第二，小李铨这一次果敢坚决的行为，纠正了母亲的一个长期的错误，李家的家风因此朝着和谐、友爱的方向前进了一大步。可见，良好的家风并非天上掉下的馅饼，而是靠家庭成员的共同努力才能养成的。第三，幼小的李铨用行动很好地批评、教育了母亲，可见，家教未必就是家长对子女的单向施教。人无完人，子女完全有权在不失敬畏的前提下，以适当的方式对父母的错误进行批评指正，父母也应该秉持人格平等的理念，虚心接受子女的批评指正，切忌在子女面前以完人自居。

9　不穿新衣何来旧衣

【原文】

冲[①]性俭素[②]，而谦虚爱士。尝浴后，其妻送以新衣，冲大怒，促令持去。其妻复送之，而谓曰："衣不经新，何缘[③]得故[④]！"冲笑而服之。

——《晋书》

【注释】

①冲：指桓冲，东晋大臣、名将。②俭素：节俭而朴素。③何缘：怎么。④故：陈旧。

【意译】

东晋名将桓冲，生性简朴，衣服都穿得很旧了，还是不肯换新的。有一次，他洗完澡，夫人给他递上衣服。桓冲一看，都是崭新的衣服，就生气地说："我那些旧衣服都还能穿，赶紧给我把新衣拿走！"说着，就把夫人捧衣服的手推回去了。夫人却又把被推回去的手伸过来，说："夫君啊，没有新衣服，又哪来的旧衣服呢？"听夫人这么说，桓冲笑了，高兴地穿上了新衣。

【点评】

俭朴本是美德，桓冲的节俭已然走向了极端，走极端的人很难说服。桓夫人却幽默而机智地将丈夫的偏激点出来，令丈夫心服口服。她劝诫的方式、方法值得我们学习。因为家人之间互相教育也是需要智慧的。智慧，来源于对家人的尊重、了解和关心。漠不关心，是不会有这种智慧的。

10 千匹丝绸赎老妻

【原文】

初，谠①妻皇甫氏被掠②，赐中官③为婢。皇甫遂乃诈痴④，不能梳沐⑤。后谠为刘骏⑥冀州长史⑦，因货千余匹⑧购求皇甫。高宗⑨怪其纳财⑩之多也，引见之。时皇甫年垂六十矣。高宗曰："南人⑪奇好，能重室家⑫之义⑬。此老母⑭复何所任⑮，乃能如此致费⑯也！"皇甫氏归，谠令诸妾境上奉迎。

——《魏书》

【注释】

①谠（dǎng）：即张谠，南北朝时期南朝宋的官员。②被掠：此指被北朝的北魏所掳获。③中官：宦官。④诈痴：假装痴呆。⑤梳沐：梳头洗浴。⑥刘骏：南朝宋的第五位皇帝。⑦长史：官长的重要佐官。⑧匹：量词，指大卷的丝绸或布。⑨高宗：北魏第五位皇帝拓跋濬。⑩纳财：出资，此指缴纳赎金或货物。纳：缴纳。⑪南人：南方人。北魏王朝乃北方鲜卑族所建立，他们称位于南方长江流域的南朝宋人为"南人"。⑫室家：夫妇。⑬义：情谊。⑭老母：年老的妇女。⑮复何所任：还有什么用。⑯致费：竭力耗费钱财。致：通"至"，极，尽。费：耗费钱财。

【意译】

南北朝时，南朝有个叫张说的人，妻子皇甫氏年轻时被掳到北朝做了女奴。为了保全自己，皇甫氏装疯卖傻，不梳头，不洗澡，整天脏兮兮的。过了很多年，张说在南朝做了大官，就托人去求北朝的皇帝，打算用一千匹丝绸换回皇甫氏。

北朝的皇帝很好奇：张说这可是出了天价，他的妻子想必是个绝色美人！便叫人把皇甫氏带给他瞧瞧。皇甫氏被带到了，皇帝傻了眼，原来只是个年近六旬的丑奶奶。皇帝大为感慨，对群臣说："咱们可能都觉得这老女人一文不值。人家南朝的丈夫却肯花天价赎她，这才是夫妻情义的至高境界，咱们可得好好向人家学学啊！"说完，皇帝痛快地释放了皇甫氏。张说还令几位妾室到边境去把皇甫氏迎回来。

【点评】

第一，并非只有丈夫张说珍惜爱情，妻子"诈痴，不能梳沐"，其实正是为丈夫守住清白之身。第二，从北魏皇帝的话中，我们看到，在同样的情形下，当时北方的鲜卑人是不会像张说夫妻那样做的，他们的爱情、节操的观念相对淡薄。张说赎妻，客观上给北魏朝廷上了一堂关于爱情、婚姻和家庭的文化课，留下了一段各民族互相学习、融合的佳话。

11　儿子大富贵，爸爸躲着他

【原文】

镠[1]于临安[2]故里[3]兴造第舍，穷极壮丽。岁时[4]游于里中，车徒雄盛[5]，万夫罗列。

其父宽[6]每闻镠至，走窜避[7]之，镠即徒步访宽，请言其故。宽曰："吾家世[8]田渔[9]为事[10]，未尝有贵达如此。尔今为十三州[11]主，三面受敌，与人争利，恐祸及吾家，所以不忍见汝。"镠泣谢之。

——《旧五代史》

【注释】

①镠（liú）：指钱镠，五代十国时期以杭州为中心的割据政权"吴越国"的创建者。②临安：杭州的旧称。③故里：故乡，老家。④岁时：即"岁时节令"，农历中的正月初一、元宵等重要节日。⑤雄盛：气势宏伟。⑥父宽：父亲钱宽。⑦窜避：逃匿，躲藏。⑧世：代，历代。⑨田渔：打猎和捕鱼。⑩事：职业。⑪十三州：对钱镠所占据地盘的统称。

【意译】

五代十国时期，钱镠占据杭州周围十三州地盘，建立了钱家的吴越国，成了一方霸主。钱镠把老宅子大肆翻修重建，建得富丽堂皇，宏伟壮观。每年的重大节日，他还带着大队侍从，豪车宝马，到老家转几圈，抖抖威风。可是每次回家他总是见不到父亲的面，一问，总是说父亲有事外出。钱镠觉得其中必有蹊跷，有一次专门徒步回家，终于见到了父亲，问："爸，您是故意躲着不想见我？"父亲叹了口气，说："咱老钱家世世代代就是打猎捕鱼的草头百姓，到了你这儿，居然占据了十三州，也算是个大人物了。可是天下是多么大啊，十三州才多大点地方，你不知道吗？况且咱们三面环敌，人家对咱们都是虎视眈眈的。你本应励精图治，处处小心。可是，你大兴土木，奢侈浪费，动不动就来一次盛大游行。你那些手下，跟着你还能学好？照你这个样子，你的十三州撑不了几天就会被人给灭了，到那时恐怕咱们性命都难保啊！"父亲的话像鞭子一样抽打在钱镠的心上，他抽泣着向父亲认错。从此，钱镠成了一个低调的统治者。

【点评】

钱宽回避儿子钱镠非止一次，之所以如此，就是为了营造最后父子见面时的凝重氛围——钱宽知道钱镠早晚会来找他的，要让心高气傲的儿子有一个虚心受教的心理基础。钱宽几乎可以称得上是个心理学家，他的这次教学情境设计非常成功，成效也很明显。

12　女苏武

【原文】

周子宽妻黄[①]，顺德伦教村人。子宽刺船[②]，与其侣戏，侣溺，坐[③]减死[④]戍[⑤]贵定[⑥]。黄求从夫行，乃尽鬻[⑦]嫁时物畀[⑧]舅姑[⑨]，制竹担[⑩]荷具[⑪]从夫行。夫道病，黄行经村市，操土音歌，求钱，得药物酒食奉夫。夫瘳[⑫]，达戍所。居十七年，举[⑬]一子二女，而夫死。黄求以夫骨归，跪县门搏颡[⑭]二十余日，吏许之，畀以牒[⑮]。

黄怀牒裹夫骨，筥[⑯]负小儿女，独身以行。其长女已嫁农家子，牵衣泣，黄斥不顾。黔多虎，而黄负夫骨，逆旅[⑰]不纳。日汲[⑱]于涧，拾树枝以爨[⑲]，夜宿道旁废庙，恒[⑳]见虎残人，余骼[㉑]狼藉，无所怖。及至村，黄齿[㉒]既长，黧黑[㉓]丑恶[㉔]。有叟[㉕]独识之，指道旁冢[㉖]曰："此而[㉗]翁[㉘]也，而姑僵墙阴，不食已一日。"

黄求得姑，姑两目眊[㉙]，黄引其手拊[㉚]裹中骨，及筥中儿女。姑抱而噎[㉛]，黄大号，筥中儿女亦号。乡里皆走[㉜]视，义之，畀以金，僦[㉝]屋奉姑居。黄行逮[㉞]归十九年，顺德人号曰"女苏武[㉟]"。

——《清史稿》

【注释】

①妻黄：妻子黄氏。②刺船：撑船。③坐：定罪。④减死：减免死刑。⑤戍：军队驻防。朝廷往往将罪犯发配至边疆等条件恶劣的地方编户驻守。⑥贵定：地名，在今贵州省境内。⑦鬻（yù）：卖。⑧畀（bì）：给予。⑨舅姑：分别指丈夫的父亲和母亲，即公婆。⑩竹担：竹子制作的扁担。⑪荷具：用以承载的工具，如筐等。⑫瘳（chōu）：痊愈。⑬举：生育，养育。⑭搏颡（sǎng）：叩头。⑮牒（dié）：文书，证件，此指通行证。⑯筥（jǔ）：盛物的圆形竹筐。⑰逆旅：客栈，旅店。⑱汲：打水。⑲爨（cuàn）：烧火做饭。⑳恒：经常。㉑骼：骨头。㉒齿：年龄。㉓黧（lí）黑：脸色黑。黧：黑中带黄的颜色。㉔丑恶：丑陋而令人惊恐。㉕叟：年老的男子。㉖冢（zhǒng）：坟墓。㉗而：同“尔”，你，你的。㉘翁：丈夫的父亲。㉙眊（mào）：眼睛看不清楚。㉚拊（fǔ）：抚摸。㉛噎（yē）：哽咽。㉜走：跑。㉝僦（jiù）：租赁。㉞逮（dài）：到，及。㉟苏武：西汉时期大臣，奉汉武帝之命出使匈奴，被匈奴扣留。匈奴威逼利诱，苏武始终持节不屈，十九年之后终于重返故国。

【意译】

清朝时，广东顺德有个姓黄的妇人，结婚不久丈夫就犯了事儿，被定罪流放到贵州的贵定。黄氏决定跟着丈夫一起去。临行前，她把嫁妆全卖了，钱都留给公婆作生活费，然后就挑着行李担子上路了。路上丈夫生了场大病，她就在所经过的乡村和集市上卖唱，乞讨一些钱，给丈夫买药治病。

丈夫终于痊愈，夫妻俩终于到了贵定。在贵定一住就是十七年，夫妻俩生育了一儿两女，丈夫却生病死了。黄氏请求官府允许她把丈夫的尸骨带回老家，官府不同意，她就长跪在官府门前，叩头祈求二十多天，官府总算被感动，给她发了回家的通行证。

揣着通行证，背上包裹好的丈夫的尸骨，用扁担担起竹筐里的两个幼小的儿女，黄氏踏上了归途。已经嫁给当地人的大女儿拉着母亲的衣襟哭着挽留，黄氏训斥大女儿一番，毅然出发了。黄氏背着丈夫的尸骨，客栈觉得不吉利，都拒绝她入住。夜里她只好寻找沿途的荒废破庙住宿。每天只能喝山涧里的水，捡些柴火自己做饭。当时贵州的老虎很多，她经常看到一些被老虎吃剩下的人的残体，她也毫不畏惧。

经过两年的长途跋涉，她终于走到了自己的村子！她的相貌变化太大，又加上一路风餐露宿，又黑又丑，家乡人都不敢认她。幸好有一位老先生认出她来，指着路旁的一座坟墓对她说：“你的公公就葬在这儿。你的婆婆僵卧在墙角，已经一天没吃东西了。”

黄氏赶紧找到婆婆，婆婆两眼几乎失明，黄氏就拿起她的手，让她摸丈夫的尸骨，说：“这是您的儿子！”又让她摸竹筐里的一对小儿女，说：“这是您的孙子和孙女！”黄氏抱着婆婆痛哭失声，竹筐中的小孩也哭起来。乡亲们闻声赶来，都很敬佩她，又同情她，大家捐些钱接济她。

黄氏离开顺德已足足有十九年之久，正好与苏武出使匈奴的时间一样长，于是顺德人尊称她为“女苏武”。

【点评】

黄氏很值得后人敬仰。第一，黄氏对丈夫的挚爱。丈夫被流放了，她不离不弃且以身追随；丈夫生病了，她卖艺求钱；丈夫病逝，她历尽千难万苦，一定要让丈夫的尸骨叶落归根。第二，她非常孝顺公婆。在陪着丈夫流放之前，她把嫁妆全部变卖，钱留给公婆。在丈夫死后，她急着赶回来，也是为了孝养公婆。她感动了乡邻，但愿她的故事能够感动更多人，让大家珍惜家庭，珍视爱情和婚姻。

四　义

1　我这外甥不像话

【原文】

解[1]姊子[2]负[3]解之势，与人饮，使之嚼[4]。非其任[5]，强必灌之。人怒，拔刀刺杀解姊子，亡去[6]。解姊怒曰："以翁伯之义，人杀吾子，贼[7]不得。"弃其尸于道，弗葬，欲以辱解。

解使人微知[8]贼处。贼窘自归，具以实告解。解曰："公[9]杀之固当，吾儿[10]不直[11]。"遂去[12]其贼，罪[13]其姊子，乃收而葬之。诸公闻之，皆多[14]解之义，益[15]附[16]焉。

——《史记》

【注释】

①解：指郭解，西汉武帝时期的大侠。②姊子：姐姐的儿子，即外甥。③负：依仗。④嚼：干杯。⑤任：担当或承受（得起），此指酒量能够承受。⑥亡去：逃亡，逃跑。⑦贼：

此指凶手。⑧微知：暗中探悉。⑨公：对有身份的男子的尊称。⑩儿：此指外甥。⑪直：合理，公正。⑫去：使……离去。⑬罪：以……为有罪，谴责。⑭多：赞美。⑮益：更加。⑯附：归附。

【意译】

西汉时期的大侠郭解有个外甥，仗着舅舅郭解是大侠，蛮不讲理，要是喝了点酒，就更加盛气凌人。有一次，这个外甥又与朋友聚会饮酒，已经喝了很多，他还逼着朋友不断干杯。那人实在喝不下去，就苦苦哀求，他哪里听得进去，硬是逼着人家灌下去。那人被逼急了，加上已经喝了不少酒，猛然抽出刀来刺进郭解外甥的胸膛。凶手知道自己闯了大祸，赶忙逃命去了。

话说郭解的姐姐，儿子刚遇害的时候，她满心指望弟弟郭解迅速把凶手捉来，她要把凶手剖心挖肝，祭奠儿子的亡灵。几天过去了，却没有一点动静。姐姐非常清楚他这个弟弟，这绝不是弟弟捉不到凶手，而是弟弟根本就不想报仇。弟弟的心里还有她这个姐姐吗！她现在对弟弟郭解和凶手都很痛恨。恼怒之下，她把儿子的尸体扔在大路上，恨恨地骂："什么天下第一大侠！我让你外甥的尸体躺在大路上，看你还有没有脸见人？"她用这个方式，逼着弟弟郭解出手。

郭解派人打探到了凶手的住处。凶手每天活在极度的惊恐之中，凶手也想通了：既然躲不掉，那就直接去找郭解得了，不就是一死吗？！想通了，他就来到了郭解的面前，把事情的经过一五一十地讲了一遍。

郭解沉吟了一下，说："我这个外甥，你没杀错！那天的事情我的人早就对我说了，跟你刚才说的一样，是我外甥不像话，欺人太甚。”郭解就把那人放走了。

郭解又把外甥的尸体收了并下葬。人们听说了这件事，更加赞叹郭解的侠义，跟从他的人也更多了。

【点评】

郭解之所以成为彪炳千秋的大侠，不仅因为他在社会上行侠仗义、除暴安良，更因为他即便面对自己家人的罪行，也绝不会忘记追求公义的庄严承诺。

在古代，不少高官显贵往往带头破坏法治、蔑视公义，如果家人犯下罪恶，许多人立刻就会动起歪脑筋，想方设法把犯罪的家人“捞”出来。公义呢？早被抛到脑后去了！受害者呢？管他呢！

当我们面对家人的罪行的时候，能否像郭解那样，将亲情置于公义之下，而不把亲情凌驾于公义之上？

2 嫁儿媳

【原文】

王荆公①之次子名雱②，为太常寺太祝③，素有心疾④，娶同郡庞氏女为妻。逾年生一子，雱以貌不类已，百计欲杀之，竟以悸⑤死，又与其妻日相斗哄⑥。荆公知其子失心⑦，念其妇⑧无罪，欲离异⑨之，则恐其误被⑩恶声，遂与择婿而嫁之。

——《东轩笔录》

【注释】

①王荆公：北宋政治家、文学家王安石。受封荆国公，故以“王荆公”称之。②次子名雱（pāng）：次子名叫王雱。③太常寺太祝：官名。④心疾：精神病。⑤悸：惊吓。⑥斗哄：争吵，吵架。⑦失心：精神失常，患精神病。⑧妇：儿媳妇。⑨离异：离婚，使……离婚。⑩被：遭遇，遭受。

【意译】

王安石的次子王雱，一向有精神病，娶同郡姓庞的女子为妻。一年之后，庞氏生了个儿子，王雱怎么看都不像自己，怀疑孩子是妻子和别人生的，于是想方设法要杀掉小孩，小孩因为受到过度惊吓夭折了。王雱仍不罢休，整天找庞氏的茬，夫妻俩争吵不休。王安石知道主要是因为儿子有病，儿媳妇没错，如果让小两口离婚，又担心儿媳妇背上坏名声，以后难以再嫁。于是，他就给儿媳妇找了个合适的人家，像对待女儿一样，让她出嫁了。

【点评】

王安石以浓厚的人文主义精神对抗当时已经根深蒂固的女子从一而终的婚姻观：既然儿子的精神病已经很严重，那就放儿媳一条生路，而且亲自为儿媳物色了新夫。嫁儿媳，是冒天下之大不韪。为了无辜的儿媳的幸福，他甘愿忍受几乎全天下的鄙视与嘲讽。王安石对待儿媳有情有义，是个好家长。如果这样的家长多了，传统文化中那些愚忠、愚孝、愚节就会少些，人文关怀就会多些。

3　心里无鬼，何需暗器

【原文】

阿怜帖木儿[①]之夫人举月思的斤[②]以贤行称[③]。一日，有献马鞭于王者，鞭内暗藏一铁简[④]，拔靶[⑤]取之则得。王喜，持示夫人，将酬[⑥]以币。夫人曰："君平昔[⑦]若尝害人，则防人之必我害[⑧]也。苟无此心，焉用为？"王悟，亟[⑨]还之。

——《南村辍耕录》

【注释】

①阿怜帖木儿：蒙古族人名，元朝大臣。②举月思的斤：蒙古族人名，阿怜帖木儿的夫人。③称：著名。④铁简：一种兵器。⑤靶：通"把"，刀、剑等武器的把柄。⑥酬：报酬，偿还价值。⑦平昔：从前，过去。⑧我害：即"害我"，暗害我。⑨亟（jí）：急切，迅速。

【意译】

元朝时有个叫阿怜帖木儿的大臣。有一天，有人给他呈上一根马鞭。这马鞭乍看之下也没啥神奇，一拔鞭把却能顺手取出暗藏其间的铁简。原来这是一条能藏暗器的鞭子！阿怜帖木儿打算出手买下，高兴地拿着马鞭去和夫人商量，因为他一直很敬重夫人。

阿怜帖木儿的夫人叫举月思的斤，一向以贤惠著称。听丈夫说了来龙去脉，举月思的斤对丈夫说："夫君如果曾经害过人，这鞭子或许有用；如果没害过人，又不想害人，要它干吗？"阿怜帖木儿听了恍然大悟，赶紧把鞭子退回去了。

【点评】

举月思的斤的一席话，鼓励丈夫多行善事，远离恶行。进一步想想，如果害了人，一条藏着暗器的鞭子仍然没多大用处。不仅武器没多大用处，手段高强的保镖也没多大用处，甚至起反作用。东汉末年，权臣董卓害人无数，自知仇家多如牛毛，就倚重、宠信武功天下第一的吕布，让吕布做他的贴身保镖，又与吕布结为父子关系。最终，董卓恰恰死在吕布手上。一个存心害人的人，就是一个苍天不佑的人，什么样的暗器、保镖能保得了他？最好的保镖，莫过于持守于内心的正义和仁爱。举月思的斤深谙此理，不愧是贤夫人！

4　小侠斗群盗

【原文】

朱晖[①]字文季，南阳宛人也，家世[②]衣冠[③]。晖早孤，有气决[④]。年十三，王莽[⑤]败，天下乱，与外氏[⑥]家属从田间奔入宛城[⑦]。道遇群贼，白刃劫诸妇女，略夺[⑧]衣物。昆弟[⑨]宾客[⑩]皆惶迫[⑪]，伏地莫敢动。晖拔刀前曰："财物皆可取耳，诸母[⑫]衣不可得。今日朱晖死日也！"贼见其小，壮[⑬]其志，笑曰："童子内[⑭]刀。"遂舍之而去。

——《后汉书》

【注释】

①朱晖：东汉时期大臣、义士。②家世：家庭出身，家庭世系。③衣冠：名门士族。④气决：果敢有气魄。⑤王莽：西汉末年大臣，篡夺西汉王朝，建立"新"朝，不久败亡。⑥外氏：外祖父家。⑦宛城：地名，在今河南省南阳市。⑧略夺：掠夺。⑨昆弟：兄和弟。昆：哥哥。⑩宾客：门客，寄生于富贵人家的人。⑪惶迫：惶恐着急。⑫诸母：与父亲同辈或年龄相近的妇女。此指朱晖外祖父家的众女眷。⑬壮：豪迈，此作意动用法，意为"以……为豪迈"。⑭内：通"纳"，接纳，此指放回。

【意译】

西汉末年，南阳宛城有个叫朱晖的十三岁少年，他早年丧父，寄居在外祖父家。当时天下大乱，盗贼蜂起，朱晖跟着外祖父家的人逃往城里去避难时遇上了一群强盗。强盗们手里拿着明晃晃的刀，劫持随行女眷，还动手动脚，抢夺她们身上的衣服。朱晖的表兄弟们吓得趴在地上不敢动，浑身乱颤。朱晖愤然拔出佩刀，冲到强盗跟前说："财物你们可以拿走，不许动粗，如要侵犯女眷，我朱晖就跟你们拼命！"强盗们见朱晖年纪轻轻却有一身的豪气，就笑着说："小朋友，你厉害，把刀收起来吧，我们照你说的办！"说完，掉头就走。

【点评】

朱晖是与歹徒斗智斗勇的。猝遇歹徒时，朱晖并未出手，毕竟仅仅抢去财物，大家的人身还是安全的。但是，歹徒要抢夺诸位女士的衣服，事情变得严重，因为他们在抢夺女士衣服的过程中，可能会亵渎她们，甚至施暴。在此情形下，朱晖毅然拔刀出鞘，准备死斗。即使准备死斗，他仍然不放弃谈判，他正告歹徒：财物可以抢走，若想剥下女士们的衣服，歹徒将面临他这个死士，而且"昆弟宾客"也很可能加入死斗，歹徒将面临一场血战，要付出沉重代价。歹徒们不得不仔细衡量一下利弊得失。至于贼"笑曰"，其实是为了掩饰被迫中止抢劫的尴尬。

小小的少年朱晖，用实际行动告诉大家：沉着冷静、见义"善为"，甚至比见义勇为更重要。

5　老爸烧借条

【原文】

觊之[1]家门雍睦[2]，为州乡[3]所重。五子：约、缉、绰、缜、绲。绰[4]私财甚丰，乡里士庶[5]多负其责[6]。觊之每禁之，不能止。及后为吴郡[7]，诱绰曰："我常不许汝出责[8]，定思[9]贫薄[10]亦不可居。民间与汝交关[11]有几许不尽，及[12]我在郡，为汝督之，将来岂可得？凡诸券书[13]皆何在？"绰大喜，悉出诸文券一大厨[14]与觊之。觊之悉焚烧，宣语[15]远近："负三郎责，皆不须还，凡券书悉烧之矣。"绰懊叹弥日。

——《宋书》

【注释】

①觊（jì）之：指顾觊之，南朝宋大臣。②雍睦：团结而和睦。③州乡：泛指乡里。④绰：三儿子顾绰。⑤士庶：士绅和普通百姓，泛指大众。此处指相当一部分人。⑥责：同"债"，债务。⑦为吴郡：做吴郡的官长。⑧出责：即出债，借钱给人以获取利息，俗称高利贷。⑨定思：冷静思考。⑩贫薄：贫穷，贫寒。⑪交关：相关，有关系，此指债务关系。⑫及：趁着。⑬券书：借据，借款合同。⑭厨：匣子。⑮宣语：公开告知。

【意译】

南朝宋的时候，有个叫顾觊之的大官，一向为乡亲们所敬重。顾觊之有五个儿子，其中的三儿子很会赚钱，又用这些钱放了高利贷，当地不少人都欠了他的债。顾觊之经常劝老三别去放贷，可老三不听。后来，顾觊之被调回故乡吴郡做太守，快离任的时候，他对老三说："从前，我反对你放贷。定下心来想想，人手里差钱也不好过，你放点高利贷可以理解。这样吧，你不是还有些到期的本金、利息没收上来吗，你把那些借据拿来给我，趁着我还是本郡太守，帮你追讨！等我离任走了，更不好办了。"三儿子喜出望外，美滋滋地把一大匣子的借据都交给了老爸。结果顾觊之却把这些借据都烧了，并且告诉乡亲们："欠我三儿子的债，借据都被我烧了，你们谁都不用偿还了！"三儿子懊恼不已，却又无可奈何。

【点评】

顾觊之毅然废债，为此他不惜用计欺骗老三。他的道理何在？传统的中国社会，往往是同姓、同宗群聚而居，同一个乡村、社区，大家都沾亲带故。所以，在这样的环境里，邻里关系和睦是第一要紧的。富裕人家更害怕邻里关系紧张。因为债务纠纷往往会滋生出对他们财产甚至生命的算计。所以，顾觊之宁愿欺骗儿子，也要阻止他放贷。在他的心目中，这样做，值！顾觊之宁愿损失巨额财富，也要换来家庭与社会的和谐，值得我们赞赏和学习。

6 妻子偷偷给小鸟换了窝

【原文】

刘君良①，瀛州饶阳人。四世同居，族兄弟犹同产②也，门内斗粟尺帛③无所私。隋大业④末，荒馑⑤，妻劝其异居⑥，因易置庭树鸟雏⑦，令斗且鸣，家人怪之。妻曰："天下乱，禽鸟不相容，况人邪！"君良即与兄弟别处。

月余，密知其计，因斥去⑧妻，曰："尔破吾家！"召兄弟流涕以告，更复同居。天下乱，乡人共依之，众筑为堡，因号义成堡。武德⑨中，深州别驾⑩杨弘业⑪至其居，凡六院共一庖⑫，子弟皆有礼节，叹挹⑬而去。贞观⑭六年，表异⑮门闾⑯。

——《新唐书》

【注释】

①刘君良：隋末至唐初人士。②同产：一母所生。③斗粟尺帛：一斗粮食和一尺布帛，代指很少的财产。④大业：隋炀帝杨广的年号。⑤荒馑（jǐn）：饥荒，荒年。⑥异居：分家，同下文之"别处"。⑦易置庭树鸟雏：将不同鸟巢的幼鸟进行调换。⑧斥去：呵斥并驱逐。⑨武德：唐朝开国皇帝李渊的年号。⑩别驾：官名。⑪杨弘业：唐初官员。⑫庖：厨房。⑬叹挹（yì）：叹息的样子。此指因钦佩而叹息。⑭贞观：唐朝第二

位皇帝太宗李世民的年号。⑮表异：表彰。⑯门闾：门庭，家族。

【意译】

隋朝末年，有个叫刘君良的人，他的家族四世同堂，大家庭相亲相爱，财物公有，小家庭都不积蓄私产。后来遇上了饥荒，刘君良的妻子多次提议分家，刘君良坚决不肯。妻子不甘心，就悄悄地将院子里大树上两个鸟巢里的幼鸟进行调换，弄得老鸟和幼鸟叽叽喳喳不休，闹翻了天。家人都觉得奇怪。妻子乘机劝刘君良：“鸟儿们都不能在一棵树上安生，这是上天昭示我们早该分家了。咱们就该顺从天意，把家分了吧。”刘君良觉得天意难违，于是就分了家。

一个多月后，刘君良得知这原来是妻子的诡计，就怒斥妻子：“你居然敢拆散我们老刘家的大家庭！”然后把妻子撵出了家门，又把家人召集来，向他们说明了事情的原委。从此，刘家恢复了四世同堂。在后来的隋末乱世中，乡亲们都以刘家为中心，修筑城堡以自卫，保住了大家的平安，被人们称赞为“义成堡”。直到唐朝初年，刘家的大家庭仍然和睦同居、同食，子弟们彬彬有礼，朝廷也对刘家进行了表彰。

【点评】

第一，古代中国人的家族观念特别强，刘君良的妻子“易置庭树鸟雏”，对丈夫耍阴谋，从这个角度看，她被驱逐出门并不完全冤枉。第二，所谓“义居”，是指一家之中的弟兄们娶妻之后，并不分家以成立各自的小家庭，仍然同居在一起，共同劳动、就餐，实行财物共有的制度。部分大家庭（家族）可以将这种制度维系数代，极少数家庭（家族）维系的时间更为持久。在兵匪横行、强盗多如牛毛的动荡时期，义居实际上是将大家族组建成了自卫性的准军事组织，同居有其存在的合理性和必要性。在和平时期，相当部分家族成员，就像刘君良的妻子那样，希望分家单干，立小家庭的家业，绝不希望与众多家族成员掺和在一起搞财产共有、平均主义。这样的大家族世代同居，仅凭族长的威望和道德，是远远不够的！还要靠硬武器——家法，用家法对那些图谋散伙的成员严惩不贷，刘君良的妻子被驱逐出门便是一个例证。家法，才是中国历史上众多世代同居的大家族得以维系的真正“法宝”，我们也无需对此给予美化和理想化。

7 匿名辱岳父

【原文】

张延赏[①]，累代台铉[②]。每宴宾客，选子婿[③]，莫有入意[④]者。其妻苗氏，太宰[⑤]苗公晋卿[⑥]之女也。夫人有才鉴[⑦]，特选韦皋[⑧]秀才，曰："此人之贵，无以比俦[⑨]。"既[⑩]以女妻[⑪]之。

不二三岁，以韦郎性度[⑫]高廓[⑬]，不拘小节，张公悔之，至不齿礼[⑭]。一门婢仆亦渐轻怠，唯苗氏待之常厚矣。以人多贱视，悒怏[⑮]而不能制遏也。其妻垂泣而言曰："韦郎七尺之躯，学兼文武，岂有沉滞[⑯]儿家[⑰]，为尊卑见诮。良时胜境[⑱]，何忍虚掷乎？"韦乃遂辞东游。妻罄[⑲]妆奁[⑳]赠送。延赏喜其往也，赆[㉑]以七驴驮物。每之[㉒]一驿，则附递[㉓]一驮而还。行经七驿，所送之物，尽归之矣。其所有者，其妻张氏所赠妆奁及布囊书册而已。延赏莫之测也。

后权陇右军事，以勤王[㉔]之功持节[㉕]西川，而代延赏。乃改易姓名，以"韦"作"韩"，以"皋"作"翱"，左右莫敢言之也。去府城三十里，有人特报延赏曰："替相公者，乃韦皋将军，非韩翱也。"苗夫人曰："若是韦皋，必韦郎也。"延赏笑曰："天下同姓名者何限，彼韦生应已委弃[㉖]沟壑，岂能乘[㉗]吾位乎？妇女之言，不足云尔。"苗夫人又曰："韦郎比[㉘]虽贫贱，气凌霄汉[㉙]。每以相公所诮，未尝以一言屈媚[㉚]，因而见尤[㉛]。成事立功，必此人也。"旦日入州，方知不误。延赏忧惕[32]，莫敢瞻视[33]，曰："吾不识人。"西门而出。韦公侍奉外姑[34]，过于布素[35]之时。

——《云溪友议》

【注释】

①张延赏：唐朝中期重臣，官至宰相。②台铉：又称"台鼎"。铉，鼎耳，代指鼎。鼎有三足，具三公之象，"台铉"或"台鼎"用以比喻三公级别的重臣。③子婿：女婿。④入意：中意，满意。⑤太宰：高级官职名。⑥苗公晋卿：苗晋卿，唐朝大臣，官至宰相。⑦才鉴：才能及鉴赏力。⑧韦皋：唐朝中期的大臣。⑨俦（chóu）：匹敌。⑩既：不久。⑪妻：嫁给……当妻子。⑫性度：性情气度。⑬高廓：超越凡俗。⑭齿礼：以礼相待。⑮悒怏：忧郁不乐。⑯沉滞：停滞，滞留。⑰儿家：年轻女子对其娘家的自称。⑱良时胜境：美好的时光加上优越的条件。⑲罄（qìng）：尽，用尽。⑳妆奁：嫁妆。㉑赆（jìn）：临别时赠送远行人的路费、礼物等。㉒之：到。㉓附递：捎带送回。㉔勤王：一般是指君主的位子受到威胁时，臣子奋起捍卫。㉕节：也叫符节，是朝廷授予职权的凭证。㉖委弃：抛弃，丢弃。㉗乘：升。㉘比：先前，当时。㉙气凌霄汉：气势盛大。㉚屈媚：委屈自己以讨好、迎合别人。㉛尤：责备。㉜忧惕：忧虑恐惧。㉝瞻视：观看，此指直视。㉞外姑：岳母，此指张延赏的妻子苗氏。㉟布素：布衣素服，形容衣着俭朴、档次低，借指地位或身份卑微。

【意译】

唐朝的张延赏，祖上好多代一直做朝廷重臣，他自己也做了高官。他想给闺女找个好婆家，挑三拣四的，始终没定下来合适的人。夫人苗氏看人有准头，对张延赏说："我看定了，那个小秀才韦皋将来必定富贵无量，就定他吧！"这样，韦皋成了张家的女婿，也暂住在岳父的府上。

过了两三年，张延赏觉得这个女婿吊儿郎当的，说话也不讨喜，看来闺女是嫁错了人，却悔之已晚。张延赏瞧不起韦皋，行事全无翁婿之礼。家中的一帮奴才也趋炎附势，跟着主人一起瞧不起这个上门女婿，只有苗氏却仍然厚待韦皋。韦皋的妻子眼见丈夫受气，便对韦皋说："夫君是文武兼备的高才，怎能窝在我家受气？我愿助夫君远走高飞、闯荡世界，也好挣个出人头地的日子！"妻子把所有的嫁妆全部送给韦皋。听说韦皋要走，张延赏乐得眼不见为净，他却还要做个人情，用七头驴驮着礼物馈赠这个女婿，巴不得他早点滚蛋。韦皋上路了，每到一个驿站，便请驿站的人把一头驴驮的礼物送还岳父，直到把岳父赠送的七头驴所驮的礼物全部送回。张延赏猜不透韦皋葫芦里卖的什么药？

过了几年，韦皋为朝廷建功立业，皇上委任他代替张延赏主政西川。赴任的路上，韦皋让人散布说："有个叫韩翱的大臣要到西川来接任！"他是故意把名字给改了。快到府城了，有人特意来报张延赏说："接替您的不是什么韩翱，而是韦皋！"苗氏对张延赏说："如果来人叫韦皋，那一定是咱们的女婿！"张延赏说："天底下同名同姓的人多了。我那臭女婿，他有什么出息，早就不知死在哪儿了！哪能升任我的职位！你们妇人之见，不值一提！”韦皋到了，张延赏一看傻眼了，正是韦皋！他满脸通红，对韦皋说：“哎，说啥呢？是我有眼无珠！”然后，他灰溜溜地走了。从此，韦皋对一直厚待自己的岳母苗氏更加孝敬了。

【点评】

张延赏是本故事的反面人物，他的势利和不识人不说也罢。另一方面，“正面人物”韦皋，也不是个好东西。他受了岳父、奴婢们的好些恶气，离开岳父家的时候，愤然将七头驴所驮的赠礼逐一遣还，那时候他便下定了羞辱岳父的决心——如果将来有机会的话。后来，果真飞黄腾达了，都过去好长时间了，他那狭隘的心胸一点也没拓宽。赴任的时候，他处心积虑编造假名，是为了防止岳父开溜，怕失去羞辱岳父的机会。最后，他见到了岳父恨不得找个地洞钻进去的狼狈相，开心极了！他后来对岳母倒是敬爱有加。实际上，他羞辱岳父，不就是羞辱岳母吗？你对此人怎么看？

8 岳父家的变脸术

【原文】

赵悰[①]妻父为钟陵大将，悰以久随计[②]不第[③]，穷悴[④]愈甚。妻族益[⑤]相薄[⑥]，虽妻父母不能不然也。一日，军中高会[⑦]，州郡谓之“春设[⑧]”者。大将家相率列棚以观之。其妻虽贫，不能无往，然所服故弊[⑨]，众以帷隔绝之。设[⑩]方酣，廉使[⑪]忽驰吏[⑫]呼将[⑬]，将且惧。既至，廉使临轩手持一书笑曰：“赵悰得非[⑭]君之婿[⑮]乎？”曰：“然。”乃告之：“适[⑯]报至，已及第[⑰]矣。”即授所持书，乃榜[⑱]也。将遽[⑲]以榜奔归呼曰：“赵郎已及第矣！”妻之族即撤去帷帐，相与同席[⑳]，竞以簪服[㉑]而庆遗[㉒]焉。

——《玉泉子》

【注释】

①赵悰（cóng）：唐朝人。②随计：“计”即计吏，州郡掌行政、税赋、户籍等事务的官员。计吏须定期向朝廷汇报，此谓之“上计”。参加科举考试的士子往往偕与同行，故以“随计”代指读书人赴都城参加科举考试。③不第：科举考试落选。④穷悴：困顿而憔悴。⑤益：更加。⑥相薄：轻视，瞧不起。⑦高会：开盛大宴会。⑧春设：民间的一种迎春仪式。⑨故弊：破旧。⑩设：即上文之“春设”。⑪廉使：地方高级官职名。

⑫驰吏：差遣官吏快速行走（办理事务）。⑬将：即上文之“大将”，赵悰的岳父。⑭得非：难道不是。⑮婿：女婿。⑯适：刚刚。⑰及第：科举考试考中。⑱榜：匾额、公告、名单等。此指中第的榜文、名单。⑲遽：立刻，马上。⑳席：古人以草或苇子等编成的片状物，用以充当坐卧之具。㉑簪服：簪子与服饰。㉒遗（wèi）：赠予。

【意译】

唐朝有个叫赵悰的穷书生，多次参加科举考试，总是名落孙山。岳父是个大军官，家里富得流油，不仅不肯接济他们夫妻一把，反而风言风语地嘲笑他们夫妻俩。岳父一家上下都是如此，弄得他妻子每次回娘家都十分狼狈，简直就跟上刀山、下火海似的。有一天，岳父家举办盛大的迎春聚会“春设”，赵悰妻子不得不硬着头皮去捧场。她的衣服太寒碜了，娘家人就把她用帘子给隔开，害怕沾了她的晦气。聚会正进入高潮的时候，官府送来了喜报，原来赵悰金榜高中了！娘家人一听，赶紧把赵悰的妻子从帘子后面拉出来，争抢着让她和自己坐在一起，争着把她们身上戴的饰品送给她，说是庆贺的薄礼。

【点评】

在赵悰考取功名前后，赵悰岳父家人展示了一场“完美”的变脸术，赵悰的夫人在娘家前后所受的待遇简直是天壤之别。岳父一家人其实是对官爵顶礼膜拜，对亲情仁爱则寡淡至极。

9　花大价钱"买"老邻居

【原文】

赵阅道少保[①]宽厚长者，与物无忤[②]。家于三衢[③]，所居甚隘[④]。弟侄有欲悦公意者，厚以直[⑤]易邻翁之居，以广公第[⑥]。公闻不乐，曰："吾与此翁三世为邻矣，忍弃之乎？"命亟还翁居，而不追[⑦]其直。

——《厚德录》

【注释】

①赵阅道少保：指赵抃（biàn），字阅道，北宋早期大臣，以太子少保的官职退休，故文中以"赵阅道少保"尊称之。②与物无忤：处世态度随和，与别人没有矛盾。物：别人，众人。忤：不顺从，不协调。③三衢（qú）：地名，在今浙江衢州境内。④隘：狭窄。⑤直：通"值"，价值，价格。⑥第：达官贵人的宅院。⑦追：追取，讨还。

【意译】

北宋大臣赵抃，为人厚道而简朴。他的宅院十分狭窄，弟弟和侄子们想让他扩大宅院，又知道他的倔脾气，就瞒着他花大价钱把赵抃老邻居的宅子买下来，以便拆迁扩建。事情已经办妥了，他们把这大喜事向赵抃汇报。赵抃把脸拉下来，说：

“这个老先生和我们老赵家已经做了三代的好邻居。就你们有能耐，有钱，把人家赶走了！你们花多少钱能买到好邻居呢？气死我了，赶紧把宅子还给人家！”老邻居回来了，要归还那笔买宅子的钱。赵抃说：“那点钱就算是给您赔个不是，千万别再提了！”

【点评】

许多人以为，高贵的人就应该使用贵重的物品，比如，赵抃的弟弟、侄子们认为，赵抃是高官，就该住宽敞、豪华的房子；宰相王旦的弟弟则认为，哥哥只有系上昂贵的玉带，才与宰相的身份相匹配。（参见 165 页《玉带系身》一文）赵抃和王旦则用实际行动告诉家人：品性高贵者谓之贵族，人只要守住正义与道德，就无须借助物质的包装，也无须别人的称赞。

10 “小鬼头”陷害舅舅

【原文】

熙宁[①]中，王和父[②]尹[③]开封，忽内降[④]付下文字一纸云：“武德卒获之于宫墙上，陈首[⑤]有欲谋乱者，姓名凡数十人。”和父令密究其徒人[⑥]，皆无踪迹，独有一薛六郎者，居甜水巷，以典库[⑦]为业。和父令以礼呼来，至廷下，问之云：“汝平口与何人为冤？”薛云：“老矣，未尝妄出门，初[⑧]无仇怨。”再三询之，云：“有族妹之子，沦落在外。旬日[⑨]前忽来见[⑩]投[⑪]，贷[⑫]不从，怒骂而去，初亦无他。”和父云：“即此是也。”令释薛而追其甥，方[⑬]在瓦市[⑭]观傀儡戏[⑮]，才十八九岁矣。捕吏以手从后拽其衣带，回头失声曰：“岂非那事疏脱[⑯]邪？”既至，不讯[⑰]而服[⑱]。和父曰：“小鬼头[⑲]，没三思至此！何必穷治[⑳]。”杖[㉑]而遣之。

——《挥麈后录》

【注释】

①熙宁：北宋神宗赵顼（xū）的年号。②王和父：即王安礼，字和父，一字和甫。北宋官员、学者，王安石的弟弟。③尹：行政长官。此作动词用，意为“做……行政长官”。④内降：朝廷不是按照正常程序，经由中书省等官署议定以后才下发的诏令，而是将诏令直接下发给相关官员或机构。⑤陈首：

揭发罪行。首：出头告发。⑥徒人：党徒。⑦典库：典当行。⑧初：根本。⑨旬日：十来天。旬：十天为一旬。⑩见：进见。⑪投：投靠。⑫贷：借钱。⑬方：正。⑭瓦市：又称“瓦肆”“瓦舍”或“瓦子”，宋、元、明几个朝代的都市中娱乐和买卖杂货的闹市。⑮傀儡戏：操纵木偶表演的戏剧，即木偶戏。⑯疏脱：粗疏，不精细。此指暴露，露馅。⑰讯：审问。⑱服：招认，承认。⑲小鬼头：对年轻人的称呼，有轻微的贬义。⑳穷治：彻底查办。㉑杖：杖刑。此作动词用，用棍子责打。

【意译】

北宋神宗的时候，王安礼做首都开封的长官。有一天，朝廷突然直接给他下发了一封匿名揭发信，说是有人密谋造反，并附上了数十名造反者的姓名。事关重大，王安礼立刻展开侦察，结果除了一个典当铺老板，名单中其余的人均系子虚乌有。王安礼估计这是有人诬陷典当铺的老板，便把老板叫来，问他是否曾与人结仇？老板说自己年事已高，已经不怎么出门了，不可能与人结仇。王安礼再三提醒他仔细想想。老板想起了一件事：原来，他有个远房的外甥，长期在外游荡，十天前突然来到他那儿，主要就是想借钱。老板觉得这个外甥不靠谱，没借给他。这外甥当时就破口大骂，恨恨地走了。王安礼听了微微一笑，断定是这个外甥捣的鬼，就派人搜捕。搜捕的人在闹市中的一个木偶戏场发现了这个人，就从他身后拽他的衣带。那人像触电一样，惊慌回头说：“怎么这么快就逮着我了！”被带回来之后，他不打自招，详细供述了写诬告信的来龙去脉，与王安礼估计的一模一样。见他是个十八九岁的小鬼头，王安礼没判他坐牢，只是把他杖打一顿后赶走了。

【点评】

那个十八九岁的“小鬼头”，是薛老板的远房亲戚，他却理直气壮地向薛老板借钱，至于他是否准备还钱，只有天知道！借钱不成便怒骂而去，仍觉得不解恨，便诬告这个不肯借钱的舅舅谋反，要置舅舅于死地。他为何如此不堪呢？表面的原因是他“沦落在外”，是一个闯荡江湖的“问题青年”，深层次的根源，在于他“劫富济贫”的观念。按着这种观念，富裕的亲戚就应该把财富匀给贫穷的，匀得越多越好。这种观念的本质是贪婪，它鼓励穷人不劳而获，威胁着富裕者的财产、人身安全，持有这种心态的人，也容易堕落为不劳而获的社会消极分子、寄生虫。

有富裕的亲戚，本是好事。如果富裕的亲戚自愿救助贫穷者，那是一种仁德；贫穷的亲戚却不能单纯依赖富裕亲戚的怜悯、施舍，遑论强迫。

11 亲情重时财产轻

【原文】

张某，甘肃通渭人。兄弟皆贫，为木工，相友爱。将析产[①]，兄曰："均之。"弟曰："弟子[②]一，而兄之子五，如兄言，弟子则富矣！诸侄独非父母孙乎？当视人为分。"兄曰："不可，父母先有子，未尝有孙。"议不决，乃析为三，兄二而弟一。

兄弟皆逾八十，常言："谁先死，必呼与俱去。"兄卒，弟恸几绝，不食七日，亦卒。

——《清史稿》

【注释】

①析产：分家，分割财产。②弟子：弟弟的儿子。

【意译】

清朝时甘肃通渭有兄弟二人，他们贫穷却互相关爱。分家的时候，哥哥说："那就把财产一分为二，各得一半吧！"弟弟说："我只有一个儿子，哥哥您却有五个儿子。照您那样分的话，我儿子占的便宜就太多了。还是按人头分合理！"兄弟俩争执了好久，最后决定把财产分为三份，老大得两份，老二得一份。

后来兄弟俩都活到八十多岁，兄弟之情越发深厚，他们相约说："如果谁先走了，就要把另一个也带去，好在地下互相照应着。"后来，哥哥先去世，弟弟悲痛万分，七天没进食，果然也跟着哥哥去了。

【点评】

家人为了遗产反亲为仇的事屡见不鲜，闹到法庭上唇枪舌剑的场面已然显得老套。理由吗各方都能挖掘出千万条，最重要的一条却都不肯说，那就是：财富重于亲情，所以得争，得拼！张氏兄弟用行动告诉人们：如果视亲情胜过财富，财富就能增进亲情，财富便是家人的奴隶；反之，如果视财富胜过亲情，财富就会疏远亲情，家人便成了财富的奴隶。

12　买妇复还妇

【原文】

许光清妻陈[1]，海宁人，善持家[2]。戚[3]有鬻[4]妇[5]者，妇誓死不从。陈偕[6]姒妇朱[7]醵金[8]畀[9]其夫，要[10]之署券[11]。曰："彼人[12]游荡[13]，金尽终且[14]鬻妇，不如是，妇不免[15]。"乃招妇至，善视[16]之。其夫死，复醵金赎所居[17]，遣妇还，并前券[18]焚之。

邻童入其室窃壶去，陈戒家人勿言，曰："彼何以为人？"御[19]婢宽，闻有虐婢者，必以陶潜语劝曰："彼亦人子也！"[20]

——《清史稿》

【注释】

①妻陈：妻子陈氏。②持家：操持家务，管理家庭。③戚：亲戚，亲属。④鬻（yù）：卖。⑤妇：妻子。⑥偕：共同，与……一起。⑦姒（sì）妇朱：嫂子朱氏。姒：丈夫的嫂子。⑧醵（jù）金：集资，凑钱。⑨畀（bì）：给予。⑩要（yāo）：约请。⑪署券：签署契约。⑫彼人：那人，代指那个卖妻子的人。⑬游荡：闲游放荡，不务正业。⑭且：将要。⑮不免：无法幸免于（不幸、痛苦等。此指被售卖）。⑯视：看待，照看。⑰赎所居：那个丈夫在卖了妻子之后，又把住宅抵

押给人以借款，所以需将住宅赎买回来以供回家的妻子居住。⑱前券：前文所提及的丈夫所签署的卖妻合同。⑲御：治理，统治。⑳“必以陶潜语”一句：陶潜，陶渊明，东晋至南朝宋时期文学家。陶潜做县令时，送给儿子一个奴仆，并附信叮嘱儿子：“此亦人子也，可善遇之。”

【意译】

许光清的夫人陈氏很会操持家事。他们的亲戚中有户人家，丈夫要卖老婆，老婆死活也不从。陈氏设法凑了一笔钱给那个人，买下他的妻子，要求他立下妻子的卖身契，才把那笔钱交给他。有人问陈氏：“怎么说也是亲戚，何必这么较真呢？”陈氏说：“那个男人太不靠谱了，要是不让他立下字据，等他把卖妻子的钱败光了，你以为他不会再把妻子卖一回？到时候无凭无据的，又能拿他怎样？”陈氏对待买来的妇人，就像家人一样体贴照顾。不久之后，那个不靠谱的丈夫，果然就把卖妻子的钱败光了，又把住宅抵押给了人。再后来，那丈夫也死了。陈氏把那妇人叫来，说：“你那男人死了，今天我就放你回家吧。”那妇人感激涕零，说：“您的大恩大德，我就算来生做牛做马也报答不了。可是，房子都被那死鬼抵押给了人，我也无家可归啊。我还是留下来，一辈子伺候您得了。”陈氏说：“房子吗，你不需要操心。”陈氏又筹集一笔钱，把房子赎回来，当着她的面把当初的卖身契以及赎买房子的契约都烧掉了，让她安心回去居住。

许夫人不仅对亲属心地善良，她几乎对所有的人都满怀爱心。有个邻居家的小孩子，偷她家水壶，被发现了。陈氏劝家人说："这小孩子是初犯，咱们千万别把这事儿说出去，好让他能够改过自新。如果说出去了，这个小孩以后怎么做人呢！"

她对待婢女也非常宽厚，一听说有人虐待婢女，就拿陶渊明说的话"奴婢也是父母生的亲骨肉"去劝诫别人。

【点评】

许夫人关爱亲属，想得远，做得细，这才使得那个被丈夫卖掉的妻子得到了切实的关照。她教导我们：关爱他人，除了出钱、出力，更重要的是站在被关爱者的角度考虑问题，要用心。我们应该学习许夫人友善待人的精神，尽量关爱他人，首先是家人、家族和亲戚中的困难者，在行有余力的情况下，也要关爱社会上那些需要关爱的人。

五　礼

1　亡父岂可戏弄

【原文】

石骀仲[①]卒，无嫡子[②]，有庶子[③]六人，卜[④]所以为后[⑤]者，曰："沐浴[⑥]佩玉[⑦]则兆[⑧]。"五人者皆沐浴佩玉。石祁子[⑨]曰："孰有执[⑩]亲之丧而沐浴佩玉者乎？"不沐浴佩玉。石祁子兆，卫人以龟为有知[⑪]也。

——《礼记》

【注释】

①石骀（dài）仲：春秋时期卫国贵族。②嫡子：正妻所生的儿子。一般而言，嫡子享有优先继承权。③庶子：妾所生的儿子，在家中的地位低于嫡子。④卜：古人占卜的一种方法，用火灼烤龟甲，再根据龟甲上被灼开的裂纹以断定吉凶等事宜。⑤后：继承人。⑥沐浴：古代的一种礼仪，一般用在喜事之前。⑦佩玉：古代贵族佩戴玉石以表示其身份和品位，居丧期间则应摘下玉石并穿上质地粗劣的孝服。⑧兆：占卜灼烤龟甲所形

成的裂纹，即兆头，此指吉兆。⑨石祁子：石骀仲的六个庶子之一。⑩执：操办，操持。⑪有知：有知觉，此指有辨别是非的能力。

【意译】

春秋时期的卫国贵族石骀仲死了，正妻没儿子，便决定用占卜的方法从妾所生的六个庶子中选出一个继承人。占卜的人传出话来："要想得到吉兆，你们就得沐浴后佩戴宝玉。"本来大家只有在喜庆的时候才沐浴和佩玉，父亲石骀仲刚死，儿子们怎能沐浴、佩玉呢？为了坐上继承人的宝座，六个儿子中的五个不顾禁忌，都照办了。只有一个叫石祁子的儿子毅然说道："如果必须沐浴、佩玉才能成为继承人，我宁愿放弃！因为那是对父亲亡灵的亵渎！"占卜的结果出来了，大大出乎人们的预料，石祁子得到了吉兆，他成了继承人！

【点评】

孝的真谛是尊敬父母的人格，是对父母的敬畏。石骀仲的六个儿子，平常也会把孝敬父母挂在嘴边，当竞争接班人需要在父亲的丧事期间沐浴和佩玉，其中的五个儿子毫不犹豫地照办了。好在石骀仲还有一个叫石祁子的儿子，一个为了敬重亡父的人格，宁愿放弃继承人宝座的儿子，他的故事流传下来，足以供后人反思孝顺与尊敬父母人格的关系了。

2 打了大胜仗，吃了闭门羹

【原文】

子发[①]攻秦，绝粮，使人请[②]于王，因[③]归问[④]其母。母问使者曰："士卒得[⑤]无恙[⑥]乎？"对曰："士卒并[⑦]分菽[⑧]粒而食之。"又问："将军[⑨]得无恙乎？"对曰："将军朝夕刍豢[⑩]黍粱[⑪]。"

子发破[⑫]秦而归，其母闭门而不内[⑬]，使人数[⑭]之曰："子[⑮]不闻越王勾践之伐吴耶？客有献醇酒一器者，王使人注[⑯]江之上流，使士卒饮其下流，味不及加[⑰]美，而士卒战自五[⑱]也。异日有献一囊糗精[⑲]者，王又以赐军士，分而食之，甘不逾嗌[⑳]，而战自十[㉑]也。今子为将，士卒并分菽粒而食之，子独朝夕刍豢黍粱，何也？子非吾子也，无入吾门。"子发于是谢[㉒]其母，然后内之。

——《列女传》

【注释】

①子发：即景舍，字子发。战国时期楚宣王的将军。②请：请求。③因：乘机。④问：问候。⑤得：能够。⑥无恙：平安。恙：疾病，忧愁。⑦并：全部，全都。⑧菽（shū）：豆类的总称。⑨将军：此处代指担任将军的儿子子发。⑩刍豢（huàn）：泛指牛羊猪狗之类的家畜，此代指精美的肉食。⑪黍粱：古代

的高档粮食。黍（shǔ）：一种优质谷粮。粱：优质小米。⑫破：打败。⑬内：同“纳”，接纳。⑭数（shǔ）：责备。⑮子：你，是对对方的尊称。此处母亲对儿子使用尊称，或是对儿子的讽刺。⑯注：倾倒。⑰加：增加。⑱战自五：作战的勇气自然地增添到五倍，可以一敌五。⑲糗（qiǔ）糒（bèi）：干粮。糗：炒熟的米或面等干粮。糒：干粮。⑳嗌（yì）：咽喉。㉑战自十：作战的勇气自然地增添到十倍，可以一敌十。㉒谢：道歉，认错。

【意译】

战国时期，楚宣王的大将子发率楚军与秦军交战。因军粮短缺，子发便差遣使者去向楚王催粮，并让使者顺路问候一下母亲。听说前线快断炊了，子发的母亲焦急地问：“士兵们没饿着吧？”使者说：“还行，还有点豆子，弟兄们每天分着吃，凑合一下。”母亲又问：“你们的将军，我儿子发，他怎么吃啊？”使者说：“再缺粮也不能饿着将军啊！他吃的有肉有精米，好着呢，您老不用为他担心！”使者走了，子发的母亲忧心忡忡。

过了一段时间，子发大败秦军，凯旋班师，回来拜见母亲。没想到母亲把门关上，不让他进去，还叫人责备他说：“从前有人献给越王勾践一坛美酒，他派人倒在江的上游，让士兵们在下游一起喝；有人送给他一袋干粮，他让士兵们和他一起吃。其实，那江水里能有什么酒味？那点干粮够塞牙缝的吗？将士们却因此而为他拼命！为什么？因为勾践的心里装着他们。你是怎么做的？士兵们可怜巴巴的，每天分一把豆子充饥；你倒好，每天美味佳肴，档次一点也不减。自从听了使者的话，娘在家里一直心惊肉跳，寝食难安，因为娘觉得你这样带兵，那是必败无疑啊！我没你这样的儿子，你别进我的门！”这一席话，让子发听得直冒冷汗。后来他诚心认错，母亲才放他进了家门。

【点评】

子发的母亲大概是博学的，所以能够寻找出恰当的历史人物及其故事，与儿子的作风进行对比，以此教育儿子。她所阐发的领导的基本素质在任何时代也不会过时：做领导的，若不懂得从人格上尊重下属，不愿与下属同甘共苦，高高在上，那么，他或许能够得意一时，惨败却是迟早的事情。

3 女儿做王后，老爸不理她

【原文】

湣王之遇杀[①]，其子法章[②]变名姓为莒[③]太史[④]敫[⑤]家庸[⑥]。太史敫女奇[⑦]法章状貌[⑧]，以为非恒人[⑨]，怜而常窃[⑩]衣食[⑪]之，而与私通[⑫]焉[⑬]。淖齿[⑭]既以[⑮]去[⑯]莒……莒人共立法章，是为襄王……

襄王既立，立太史氏女为王后，是为君王后，生子建[⑰]。太史敫曰："女不取媒因自嫁，非吾种也，污吾世[⑱]。"终身不睹君王后。君王后贤，不以[⑲]不睹故[⑳]失人子[㉑]之礼。

——《史记》

【注释】

①湣王之遇杀：湣王，即齐湣王，又称齐闵王，战国时期齐国的第六任国君。齐湣王好大喜功，四处树敌，终于招致燕国将领乐毅联络秦、赵、韩、魏等国组建联军进攻齐国。湣王被楚国派来救援齐国的将领淖齿所杀（参见前文《母亲的话点燃儿斗志》）。②法章：田法章，齐湣王的儿子，后被立为国君，是为齐襄王。③莒（jǔ）：古代齐国地名，在今山东莒县一带。④太史：官名。⑤敫（jiǎo）：姓氏。⑥家庸：私家的佣人。庸：同"佣"。⑦奇：以……为稀奇。⑧状貌：容貌。⑨恒人：常人，普通人。⑩窃：私自，暗中。⑪衣食：给……衣服和食物。

⑫私通：未经正规的婚恋程序而发生性关系。⑬焉：相当于“于之”。⑭淖齿：战国时期楚国将领。燕将乐毅率诸侯联军攻打齐国，淖齿受楚王之命率军救齐，齐湣王任命他为宰相。淖齿却杀害齐湣王，欲与燕国瓜分齐地，不久被齐人王孙贾率众所杀。⑮以：同“已”，已经。⑯去：离开。⑰建：田建，即齐共王，齐襄王田法章与君王后的儿子，战国时期齐国的末代国君。⑱世：家世。⑲以：因为。⑳故：原因。㉑人子：儿女。

【意译】

战国末期的齐湣王自高自大，四处树敌，被燕国大将乐毅带着五国联军攻破都城，仓皇逃到莒地，还是被楚国的大将淖齿杀掉了。湣王的儿子田法章侥幸逃了一命，隐姓埋名在莒太史敫家做佣人。太史敫的女儿凭着法章的相貌，认定他不是凡夫俗子，就暗中给他些衣服、饮食接济他，又爱上了他，和他发生了关系。后来，齐国的局势平定了，齐国人四处寻找齐湣王的儿子，终于找出田法章来，立他为新君，田法章就是齐襄王。齐襄王立太史敫的女儿为王后，史称君王后。

直到此时，太史敫才知道女儿私订终身，便恨恨地说：“这丫头，不跟父母说一声，也没个媒人，自行嫁人，我们家丢人丢大了。她做了王后也不配做我的女儿！”于是，他终身不见君王后。君王后倒是不与父亲计较，对家人仍以礼相待。

【点评】

古人的婚姻严格遵循“父母之命，媒妁之言”。太史之女却私订终身，且婚前发生性关系，是目无父母，是对父母人格的漠视，难怪父亲气愤。但太史因此终身不见女儿，是所谓“过犹不及”了。

当代，婚恋大事虽然决之于自己，但仍应事先郑重其事地禀报父母。第一，向父母禀报，是对父母人格的尊敬。父母养育儿女一场，不该得到这份尊敬吗？第二，父母毕竟比儿女有着更多的生活阅历，他们或许会提出意见、忠告，采纳与否则由儿女自己决断。儿女因此总是多了一份参考。有些子女在婚姻大事上却喜欢“宸衷独断”，对父母严格保密，直到木已成舟，才会安排父母承办婚礼。他们也不想想，父母如果早点知道了，还能去祸害儿女不成？

4 骂女婿，招刺客

【原文】

汉五年[1]，张耳[2]薨[3]，谥为景王。子敖[4]嗣立[5]为赵王。高祖长女鲁元公主[6]为赵王敖后[7]。汉七年，高祖从平城[8]过赵，赵王朝夕袒韝蔽[9]，自[10]上食[11]，献之美人[12]。礼甚卑[13]，有子婿[14]礼。高祖箕踞[15]詈[16]，甚慢易[17]之。

赵相[18]贯高、赵午等年六十余，故[19]张耳客[20]也。生平为气[21]，乃怒曰："吾王孱王[22]也！"说王曰："夫[23]天下豪桀[24]并起，能者先立。今王事[25]高祖甚恭，而高祖无礼，请为王杀之！"张敖啮[26]其指出血，曰："君何言之误！且先人亡国，赖[27]高祖得复国，德[28]流子孙，秋豪皆高祖力也。愿君无复出口。"贯高、赵午等十余人皆相谓曰："乃吾等非[29]也。吾王长者[30]，不倍[31]德。且吾等义不辱，今怨高祖辱我王，故欲杀之，何乃污王为乎？令事成归王，事败独身[32]坐[33]耳。"

——《史记》

【注释】

①汉五年：汉高祖刘邦所建立的西汉王朝的第五年，约为公元前198年。（汉武帝之前的君主均无年号）②张耳：战国时期赵国的王族，至秦末参与造反，刘邦封他为赵王。③薨（hōng）：诸侯或者拥有高等爵位、身份的人去世。④子

敖：儿子张敖。⑤嗣立：继承君主等官爵或者家长的位子。嗣：接续，继承。⑥鲁元公主：汉高祖刘邦和皇后吕雉所生的女儿，名字不详。⑦后：王后。⑧平城：地名，在今山西省大同市附近。⑨袒韝（gōu）蔽：脱去护袖。袒：露出身体的一部分。韝：古代射箭时戴的皮制袖套。⑩自：亲自。⑪上食：献食，端上菜饭。⑫献之美人：献给刘邦美人。⑬卑：谦卑。⑭子婿：女婿。⑮箕踞：两腿张开坐，身体形状因此像簸箕，表示对人轻视。⑯詈（lì）：骂。⑰慢易：轻慢，瞧不起。⑱赵相：此指西汉分封的诸侯国赵国的丞相。⑲故：原来。⑳客：门客，寄生于权贵之家，为权贵出谋划策或供役使之男子。㉑为气：讲义气。㉒孱（chán）王：懦弱的君王。孱：懦弱。㉓夫：发语词，置于句首，无意。㉔豪桀：即豪杰。桀：同“杰”。㉕事：服侍。㉖啮（niè）：啃、咬。㉗赖：依靠。㉘德：恩惠。㉙非：错误。㉚长者：厚道之人。㉛倍：同“背”，背叛。㉜身：本人。㉝坐：定罪。

【意译】

汉高祖刘邦当皇帝的第五年，有事经过赵国。赵王张敖是他的女婿，亲自给刘邦端茶送饭，低声下气地伺候着。刘邦却大大咧咧，言语间总是口出脏话，张敖并不介意，总是赔着笑脸。

张敖的手下贯高等人实在看不下去，就在私底下对张敖说：“大王，您对刘邦那是毕恭毕敬，他却满嘴喷粪，真不是个东西！今儿个咱们几个把他给做了，替您出这口恶气！”张敖听了大惊失色，吓得把手指咬出了血，说：“你们怎能说出这种话！皇上帮着我们老张家恢复赵国，我和子孙后代的一切都是他的恩赐。我又是他的女婿，他骂两句，那算什么？这话到此为止，谁也不准再提了！”贯高等人退下来，商量道：“大王真是厚道，咱们别难为他了，自己干！事儿成了，替大王出这口恶气；败了，咱几个承担全部责任，也连累不到大王！”从此，他们就开始等机会……

【点评】

刘邦骂女婿张敖，确实没什么恶意，却是一种恶习，也是为了显示自己作为皇帝，人格比作为下属的女婿更高贵。许多人有这种恶习，却意识不到被骂者心里激起的仇恨，意识不到问题的严重性。贯高等人正是因此才起意要干掉刘邦，以恢复主子的人格尊严。有此恶习的人，并非随便开口就骂的。什么时候、什么场合可以骂人，用何种脏话骂什么人，其实是很有“讲究”的。比如说，刘邦在鸿门宴上，小命攥在项羽的手里，那时候他就没有一句脏话，饮酒也是点到为止，很“文明”。可见，有这种恶习的人还是欺软怕硬，势利。从思想根源上来说，一个人所以有这种恶习，还是因为他根本就没有人格平等的意识。没有人格平等的意识，人（包括自己），就都是可以被崇拜或羞辱的存在，却独独不是作为平等的、人格不可冒犯的存在。但愿大家去掉这个恶习，做个说话文明的君子。这样做既尊敬他人，也保自身的平安。

5　太守不比表弟贵

【原文】

城阳太守梁柳①，皇甫谧②从姑③子也，当之官④，人劝谧饯⑤之。谧曰："柳为布衣时过⑥吾，吾送迎不出门，食不过盐菜⑦，贫者不以酒肉为礼。今作郡⑧而送之，是贵城阳太守而贱梁柳，岂中⑨古人之道，是非吾心所安也。"

——《晋书》

【注释】

①梁柳：西晋时期官员。②皇甫谧（mì）：三国至西晋时期医学家、史学家，一生淡泊名利。③从姑：父亲的叔伯姐妹。④之官：赴任，到……官署上任。⑤饯：摆设酒席送行。⑥过：拜访。⑦盐菜：盐腌制的蔬菜，咸菜。⑧作郡：担任一郡长官，此指上文担任城阳太守。⑨中：符合。

【意译】

西晋时有个叫皇甫谧的人，他的表弟梁柳被任命为城阳太守。有人劝皇甫谧说："你表弟梁柳做大官了，你得好好摆一桌酒席，为他送行啊。"皇甫谧回答说："我和这个表弟的感情确实很好。他还没升官的时候，经常到我家走动，我用平时的粗茶淡饭招待他，对待他就跟对自己的兄弟一样。如果因为他当了大官，就用酒肉为他送行，那不就等于轻贱了昔日的表弟梁柳而高抬了今日的城阳太守吗？那样做，岂是古代君子的风范？我的良心也不允许我做那种事啊！”

【点评】

有些人，只要是亲戚朋友中出了个当官的，就死皮赖脸贴上去，将关系急速升温。这样的人，以为当官就是一种可以获得巨额灰色利益甚至贪赃的差事，他们贴上去只是想入伙分赃罢了。这样的人没廉耻，更谈不上人格尊严。在皇甫谧而言，他绝不肯丢掉自己的人格尊严去“沾光”，也未曾设想当了大官的表弟会堕落到谋取灰色利益甚至贪赃枉法的地步。所以，他拒绝用让人肉麻的手段加深关系。这才是他对表弟的真感情——从人格上对表弟敬重，也免得给当了大官的表弟添乱。

6 我爸不屑当皇帝

【原文】

上①礼重②子仪③，常谓之大臣而不名④。暧⑤尝与升平公主⑥争言⑦，暧曰："汝倚乃父为天子邪？我父薄⑧天子不为！"公主恚⑨，奔车奏之。上曰："此非汝所知。彼诚如是，使彼欲为天子，天下岂汝家所有邪！"慰谕⑩令归。子仪闻之，囚暧，入待罪⑪。上曰："鄙谚⑫有之：'不痴不聋，不作家翁⑬。'儿女子闺房之言，何足听也！"子仪归，杖暧数十。

——《资治通鉴》

【注释】

①上：皇上，此指唐代宗李豫，唐朝第八位皇帝。②礼重：礼敬而尊重。③子仪：指郭子仪，唐代杰出的政治家、军事家。安史之乱以后，郭子仪屡次为朝廷讨平叛将，收复失地，堪称朝廷柱石。④不名：不称呼某人的名字（以表示尊敬）。⑤暧：郭子仪的儿子郭暧。⑥升平公主：唐代宗李豫的女儿，郭暧的妻子。⑦争言：争吵，吵架。⑧薄：以……为薄，瞧不起。⑨恚（huì）：愤怒。⑩慰谕：宽慰解释。⑪入待罪：进宫等待治罪。⑫鄙谚：俗话。鄙：俗。⑬家翁：婆婆和公公，丈夫的母亲和父亲。家（gū）：通"姑"，婆婆。

【意译】

唐朝的代宗皇帝往往只称郭子仪为大臣而避免直呼其名，以示对郭子仪的敬重，又将女儿升平公主嫁给郭子仪的儿子郭暧。郭子仪和皇上成了亲家。

有一次，郭暧与升平公主发生口角，郭暧觉着公主太强势，就回敬她："你仗着你爸是皇帝啊！我爸还不屑做皇帝呢！"公主听了，气得差点儿背过气去，立刻乘车快马加鞭入宫向父皇禀报。代宗皇帝听了女儿的一番哭诉，说："你气啥？别气了，郭暧这愣小子说得还真对！他爸要真想做天子，你爸我就做不成了，你也做不成公主了！就是因为郭暧他爸有大局意识，我才能做皇帝。你要懂得对老郭家感恩，知道吗？抓紧回去吧，要更加孝顺公婆，相夫教子！"郭子仪听说了这事儿，立刻将郭暧关起来，再入朝请求皇上处分自己教子无方。代宗伸手拉住郭子仪说："老亲家，何必如此小题大做呢！俗话说：'不装聋作哑，是不能当好公婆的！'小夫妻的私房话，你怎么还当真了呢！"郭子仪回家后又把郭暧痛打了一顿。

【点评】

小夫妻发生争执，如果做父母的护短，表面上是爱他们，实际上是对他们的伤害。因为，护短往往会激化、加深小夫妻之间的矛盾，是他们婚姻破裂的催化剂。正确的做法，恰是像唐代宗、郭子仪那样，看清自己孩子的错误，并以适当的方式教育、处分自己的孩子。

7　号丧是门技术活儿

【原文】

安鸿渐[①]有滑稽清才[②]，而复惧内[③]。妇翁[④]死，哭于路，其孺人[⑤]性素严，呼入穗幕[⑥]中诟[⑦]之曰：“路哭何因无泪？”渐曰：“以帕拭干。”妻严戒[⑧]曰：“来日早临棺，须见泪。”渐曰：“唯。”计既窘，来日以宽巾纳湿纸置于额，大叩其颡[⑨]而恸。恸罢，其妻又呼入窥之，妻惊，曰：“泪出于眼，何故额流？”渐对曰：“岂不闻‘自古云水出高原’？”闻者大笑。

——《拊掌录》

【注释】

①安鸿渐：北宋初年学者、官员。②清才：卓越的才能。③惧内：怕老婆。④妇翁：岳父。⑤孺人：妻子。⑥穗幕：灵棚里用来隔开内外的幕布，宋时多以细而稀疏的麻布做成。⑦诟（gòu）：斥骂。⑧戒：通“诫”，告诫。⑨颡（sǎng）：额头。

【意译】

北宋初年有个叫安鸿渐的人，为人幽默机智，却很怕老婆。岳父去世了，他去吊唁，离灵棚老远就开始哭嚎了。妻子把他叫到灵棚里骂道："死鬼！一滴眼泪也没有，干号骗人呢吧？"安鸿渐辩解说："天大的冤枉啊！流了很多泪，已经用手帕擦干了。"妻子将信将疑，就警告他："今天的事就算了。你明天一早到棺材前哭丧，我要检查，必须亲眼见到眼泪。否则有你好果子吃！"怎么办呢？安鸿渐绞尽脑汁，想出了一个办法：在一块大手帕里夹进许多浸透水分的纸，放在额头上，号丧时使劲击打额头，"眼泪"不就有了吗？

第二天，安鸿渐到灵棚里，一边哭号一边击打额头，"眼泪"果然流出很多。妻子惊诧地问他："眼泪都是从眼里流出，你的眼泪怎能从额头流出呢？"安鸿渐急中生智，说："夫人想必听说过'自古以来，云水都出自高原'的说法吧？我的眼泪当然也要从额头这个高原流出啊！"大家听了，不由得捧腹大笑起来。

【点评】

真正悲哀时，人未必就一定能够哭得出声，更未必泪雨滂沱。我国的丧葬礼仪却过分讲究形式，死者的家属往往故意让别人听到他们大声哭号，见到他们泪流涟涟。过分追求形式，就迫使人不得不造假，这才使得安鸿渐以假应假，结果适得其反，引得大家在丧礼上捧腹大笑，这让死者的尊严何在，丧礼的庄重、严肃何在？

丧礼的主旨应该是对死者的祭奠，使死者有尊严。参与丧礼的亲友，应该通过对死者的追思，来思考人生的意义，启迪自己的人生，绝不应该只把精力放在追求形式上。

8 且将父作死马医

【原文】

有名士为泗倅[①]者，卧病既久，其子不慧[②]。郡有大医生[③]杨介[④]，名医也，适自都下[⑤]还，众令其子谒[⑥]之，且约[⑦]介就[⑧]居第诊视。介亦谦退[⑨]，谓之曰："闻尊君[⑩]服药，且更[⑪]数医矣，岂小人能尽其艺[⑫]耶？"其子曰："大人[⑬]疾势[⑭]虽淹久[⑮]，幸[⑯]左右[⑰]一顾[⑱]，且作死马医[⑲]也。"闻者无不绝倒[⑳]。

——《春渚纪闻》

【注释】

①泗倅（cuì）：泗州长官的助手。泗：泗州，地名，大抵包括今江苏盱眙及附近地区。倅：副，此指副官。②慧：聪明。③大医生：即"太医"，又称"御医"，专门为帝王、宫廷服务的医生。④杨介：北宋徽宗时期的御医，泗州（今江苏盱眙）人。⑤都下：都城。⑥谒（yè）：拜见。⑦约：邀请。⑧就：到。⑨谦退：谦虚，谦让。⑩尊君：对对方父亲的尊称，同"令尊"。⑪更：经历。⑫尽其艺：赶得上此前几个医生的医术。艺：技术，技能。⑬大人：此乃对父亲的尊称。⑭疾势：病情。⑮淹久：长久。⑯幸：希望。⑰左右：随便。⑱顾：看，瞧。此指诊治。⑲死马医：即"死马当活马医"，明知病人康复无

望，且作最后尝试性的医治。⑳绝倒：因大笑而前仰后合。

【意译】

北宋的时候，盱眙这地方有个官员，长期卧病在床，久治不愈。有个叫杨介的御医，碰巧从都城回到家乡。大家都劝那官员的儿子，去请杨介来给他父亲看看。

那儿子到了杨介府上，说明来意。杨介谦虚地说："听说令尊大人已找过好几个地方名医诊治过。我的医术也未必超过人家。"那儿子有点缺心眼儿，说："俺也知道老爸的病难治。只求大人前去随便看看，治不好俺不怪你，死马当作活马医呗！"大家听了这憨儿子的话，都笑得前仰后合的。

【点评】

表面上这个儿子似乎缺心眼，其实言为心声，他不经意间弄出的"且作死马医"这么个黑色幽默，却展示出了他的内心：对父亲缺乏最基本的敬畏。他拜见、邀请御医上门就诊，其实是迫于舆论压力的敷衍与应付，究其本意是不太愿意操这份"闲心"的。

9　待姑父何关荣辱

【原文】

张孟男[①]字元嗣，中牟人，进[②]尚宝丞[③]。高拱[④]以内阁[⑤]兼吏部，门生戚属[⑥]皆都[⑦]要地[⑧]出入，干谒[⑨]无虚日。拱妻，孟男姑也，独守闲曹[⑩]，公事外无私谒，岁时[⑪]一起居[⑫]其姑而已。拱尝语其妻："尔家尚宝[⑬]何疏[⑭]我？"妻谢曰："公在事不以妾故私此子，此子亦不以妾故干[⑮]公，妾知免[⑯]矣。"拱一笑意解[⑰]。

及拱被逐[⑱]，踉跄[⑲]出国门[⑳]，所亲皆避匿不相闻，孟男乃独留拱邸[㉑]，佐治装[㉒]，饯之郊外，慰藉备至，拱感动垂涕而别。

后张居正[㉓]用事[㉔]，擢[㉕]孟男太仆少卿[㉖]。孟男复不附[㉗]，失居正意，不调[㉘]。久之，居正败[㉙]，始累迁南京[㉚]工部右侍郎[㉛]。

——《明外史》

【注释】

①张孟男：明朝后期的官员。②进：晋升。③尚宝丞：官职名，掌管宝玺、印章等，系闲散官职，无实权。④高拱：明朝后期的官员、重臣，官至内阁首辅（相当于宰相）。⑤内阁："内阁首辅"的简称，相当于宰相。⑥戚属：由婚姻关系

而形成的亲戚以及同一家族的成员。⑦都：居于，占据。⑧要地：显要的部门或岗位。⑨干谒（yè）：指为某种目的而求见。谒：拜见。⑩闲曹：闲散的官职，此指上文“尚宝丞”的职务。曹：分部门办事的官署，类似于今日之“科室”。⑪岁时：“岁时节令”的简称，即农历中的除夕、正月初一、元宵等节日。⑫起居：日常生活作息，此作动词用，问候（对方的日常生活作息）。⑬尚宝：因张孟男所任官职“尚宝丞”，遂以“尚宝”代指张孟男。⑭疏：疏远。⑮干：干预，干扰。⑯免：不受某些负面、不幸事物的牵连。⑰意解：会意。⑱拱被逐：在与张居正的权力斗争中，高拱惨败，被驱逐出京城。⑲踉跄：跌跌撞撞，走路不稳的样子。形容狼狈。⑳国门：都城的城门。㉑邸（dǐ）：高级官员的住所。㉒佐治装：帮助备办行装，做好（出行前的）准备。佐：辅助，帮助。㉓张居正：明朝后期的官员、重臣，官至内阁首辅（相当于宰相）。㉔用事：掌权。㉕擢（zhuó）：提拔。㉖太仆少卿：官职名，掌管皇帝的车马等事务。㉗附：依从，结交。㉘调（diào）：提拔。㉙居正败：张居正在皇太后的极力支持下，不仅控制了朝政，而且严格管束幼小的皇帝、明神宗朱翊钧，朱翊钧因之怀恨在心。张居正去世不久，明神宗朱翊钧便罢去张居正所安置的官员，追夺张居正的封赐、谥号，并下令抄家。㉚南京：即今南京。明朝初期的都城本在南京，当时称“应天府”。朱棣登上皇位之后，将都城迁往自己的老巢“顺天府”，即今之北京，而南京的一套官府机构仍予以保留。㉛右侍郎：官名。

【意译】

明朝时有个叫张孟男的官员，官做了很长时间才当上了尚宝丞——一个没有实权的闲官。他的姑父高拱是当朝宰相，又兼管吏部——掌管全国官员调动、升迁的机关。

有一天，高拱对妻子，也就是张孟男的姑妈说："哎，你那个侄子孟男，是不是有点缺心眼儿？"

妻子说："怎么啦？"

高拱说："人家都是拐弯抹角找我攀亲戚，要提拔，人家都办成了。这小子，眼里根本就没我这个姑父，放着这么硬的关系不知道用，他不缺心眼吗？"

妻子笑着说："他既然不想走你的门子，你也就犯不着操这份闲心，你们互不干扰，不也挺好吗？"

四年之后，高拱被一个叫张居正的大臣斗败，被突然撤职、驱逐回家。他提拔的那些亲朋故旧，像躲瘟疫一样躲着他。高拱临行，冷冷清清，连个送行的人都没有，他总算明白了什么叫世态炎凉。正在他顾影自怜的时候，内侄张孟男来了，帮他收拾行装，还一直把他送出京城老远，又正儿八经为他摆了一桌告别宴。高拱久久地攥着张孟男的手，老泪纵横，说不出话来。

张居正取代了高拱，他知道张孟男为人正派，名气很大，就把他稍微提拔了一下，还想等着张孟男前来谢恩攀附他，再正式提拔。等了好长时间也没动静，张居正觉得张孟男果然是个不识抬举的人，也就让他在那儿继续窝着。直到张居正失势，张孟男总算又升迁了一回。

【点评】

所谓干一行讲一行，张孟男既然从政做官，当然也希望步步高升，却绝不肯走姑父的捷径。因为，在张孟男的心目中，依附姑父就是自我贬低人格，也是对亲情的亵渎，所以他宁愿放弃升官的捷径，也要保住人格的完整和亲情的纯洁。因此，在张孟男的心目中，姑父如日中天的时候也只是姑父；姑父倒台了，还是姑父，待姑父何关荣辱?

人，生而为人，人格本来就应当是至上的。高拱最终悟出了一个道理：可信赖的亲属，只能是张孟男那样绝不肯自贬人格的人。

10 知府传菜父做东

【原文】

张伦官太原知府，归省①。郡守过候②，父留饮，伦持榼③上馔④，鞠躬待命如童子⑤。馔既具，即退立庑⑥下。郡守固请，伦退走，不敢当。父谢曰："幸君侯⑦过敝庐⑧，老夫主⑨之，吾儿特⑩将酒⑪耳。"郡守惶恐欲起，乃赐食庑下。

——《明语林》

【注释】

①归省：回家探望父母。②过候：问候，拜访。③榼（kē）：盛酒的器具。④馔：饮食。⑤童子：童仆。⑥庑（wǔ）：正房的走廊、偏屋。⑦君侯：对达官贵人的尊称，此指来访的郡守。⑧敝庐：对自己住所的谦称。⑨主：主持，做东。⑩特：只是。⑪将酒：送菜上酒等宴饮时的服务。将：拿。

【意译】

明朝时太原知府张伦回老家探亲。当地的郡守听说了，就前来拜访。郡守来了当然要招待，张伦的父亲端坐在东道主的位子上，张伦像个服务生似的端酒上菜，上齐了就退到外面的走廊里待命。郡守恳请张伦一起入席，怎么说张伦都不答应。张伦的父亲对郡守说："您别再劝他了。今天是我招待您，他是我儿子，他端菜上酒是理所当然的！”郡守还是觉得如坐针毡。父亲这才让人给张伦准备一些饭菜，让他在走廊里用餐。

【点评】

父亲不允许张伦入席就餐，是钻牛角尖，有些自大摆谱的味道。但是，儿子当了高官，父亲绝不高看的态度，还是难能可贵的。

有的家庭，出了个官儿，可不得了了。家人在他面前就不由自主地矮了半截，长辈对身居官位的晚辈居然也毕恭毕敬；在外人面前，这些人却因为家里出了个官儿，狐假虎威，趾高气扬。他们之所以如此，是官本位的观念已经深入骨髓，伦理的观念被抛弃了。张伦的父亲不是这样的，他坚守伦理观念，儿子做多大的官也只是儿子罢了，父亲做东道主，儿子做服务员，不是天经地义吗？其实，那种把家里的大官捧上天的家庭，在大官失势或倒台的时候，家人对他也会第二次变脸：冷眼相看，甚至划清界限。倒是张伦父亲那样的人，即使张伦罢官了，回家来还是父子如初。家人就是家人，做不做官，有何区别？

11 整衣见盲姑

【原文】

路和生妻吴①，靖远人。善事②姑③。姑丧明④，吴侍左右，非整衣⑤不入。或言姑无见也，吴曰："吾心自不可欺耳。"

——《清史稿》

【注释】

①妻吴：妻子吴氏。②事：服侍。③姑：婆婆。④丧明：失明，盲。⑤整衣：整理衣服（以示庄重）。

【意译】

清朝时有个叫路和生的人，母亲年事已高，又失明。路和生的妻子吴氏对婆婆精心伺候，也很尊敬，每次去见婆婆，都要先把衣服认真整理一番。有人劝她说："反正婆婆又看不见，干吗白费功夫呢？"吴氏说："那样做对婆婆太失敬了，我自己无法心安啊！"

【点评】

孝的真谛是精神层面对长辈的人格的敬重，而物质层面的赡养是次要的。吴氏用实际行动诠释了孝的真谛：发自内心的敬重，而绝不是作秀。吴氏那种敬重长辈的态度，是优秀的文化传统，值得我们共同继承和发扬。

六　智

1　教子辞王冠

【原文】

陈婴[1]者，故东阳[2]令史[3]，居县中，素[4]信谨[5]，称为长者[6]。东阳少年[7]杀其令[8]，相聚数千人，欲置长[9]，无适用，乃请陈婴。婴谢[10]不能，遂强立婴为长，县中从者得二万人。少年欲立婴便[11]为王，异军[12]苍头[13]特起[14]。

陈婴母谓婴曰："自我为汝家妇，未尝闻汝先古[15]之有贵者。今暴[16]得大名，不祥。不如有所属[17]，事成犹得封侯，事败易以亡[18]，非世所指名[19]也。"婴乃不敢为王。谓其军吏曰："项氏[20]世世[21]将家[22]，有名于楚。今欲举[23]大事，将非其人，不可。我倚名族，亡秦必矣。"于是众从其言，以兵属项梁。

——《史记》

【注释】

①陈婴：秦末至西汉初年人，秦末造反的众头领之一。陈婴先投奔项梁，后投奔刘邦。西汉建立后，刘邦封其为堂邑侯。

②东阳：秦朝所设立的县级行政单位，县城位于今安徽省天长市西北。③令史：县令的属官。④素：一向。⑤信谨：诚信谨慎。⑥长者：德高望重的人。⑦少年：男青年。⑧令：县令。⑨长：首领。⑩谢：推辞。⑪便：就。⑫异军：此指“自成一军”，不从属于其他军队。⑬苍头：以青巾裹头（以区别于其他军队）。苍：深青色。⑭特起：崛起。⑮先古：祖先。⑯暴：突然。⑰属：隶属，归属。⑱亡：逃亡。⑲指名：知名。⑳项氏：此指项梁、项羽叔侄，战国时期楚国名将项燕的后代，当时亦率造反军队从南方北上进攻秦军。㉑世世：代代，一代又一代。㉒将家：将军之家。㉓举：兴办。

【意译】

秦朝末年，陈胜、吴广带头，人民蜂拥而起反抗暴政。东阳这地方的一群小伙子杀了县令，几千人聚集起来，要大干一场。陈婴原来是东阳县的一个官员，为人厚道、稳重，小伙子们就想立他做首领。陈婴推辞不掉，只好做了首领的位子。陈婴一做首领，队伍马上就扩充到了两万人。那时候的人口比现在少得很，一个县能够有两万人前来入伙，是很惊人的。众人觉得陈婴的魅力真大，就想拥戴陈婴称王。事关重大，陈婴就回去跟母亲商量。他的母亲说：“你们老陈家，多少辈子都没出过什么大人物。你这一步登天地称起王来，我觉得太不吉利。”陈婴接着问：“那该怎么办呢？”母亲说：“现在造反的首领多着呢，你挑一个有出息的，跟他干。干成了，你弄个封侯；干不成，你开溜了，谁在意你这样的小角色？”陈婴觉得有理，就坚决拒绝了王位，说服大伙儿投奔了项梁、项羽叔侄的军队。

后来他们又投奔了刘邦，立下许多功劳。刘邦建立了西汉王朝，陈婴真的被封了侯爵，建立了自己的小诸侯国。

【点评】

面对王冠、龙椅，不知有多少“英雄好汉”热血喷涌、奋不顾身，为此而身死家灭者也是不计其数的。陈婴的母亲，竟然很淡定地谢绝了群众献给他们老陈家的王冠，拯救了乱世烽火中的儿子以及老陈家。她之所以能够如此，是因为她有一个正确的价值观：王冠（龙椅）未必能给每个人带来幸福和荣耀。

这个故事启示家长们：应该审视自己的价值观是否正确，免得从自己错误的价值观出发，以家长之昏昏，求子女之昭昭。与其给孩子规定宏大目标，不如沉下心来，与孩子一起探讨更适合孩子的学习方法，让孩子在正确的方向上努力前行。

2 老子带病，夜传“真经”

【原文】

万年[1]尝病，召咸[2]教戒[3]于床下。语至夜半，咸睡，头触屏风。万年大怒，欲杖之，曰：“乃公[4]教戒汝，汝反睡，不听吾言，何也？”咸叩头谢[5]曰：“具晓所言，大要[6]教咸谄也。”万年乃不复言。

——《汉书》

【注释】

①万年：指陈万年，西汉晚期的高官。②咸：陈万年的儿子陈咸。③教戒：教导和训诫。戒：通“诫”，告诫。④乃公：你的父亲，有傲慢自称的意思。⑤谢：认错，道歉。⑥大要：要旨。

【意译】

有一天晚上，卧病在床的陈万年把儿子陈咸叫到床边，要把自己这一辈子在官场摸爬滚打的宝贵经验都传授给陈咸。陈万年一直讲到下半夜，依然滔滔不绝。突然，他听见“咕咚”一声，原来儿子陈咸打瞌睡，头撞到了屏风！陈万年是气不打一处来，骂道：“我今儿个讲的那可都是真经。别人就是给我一千万，我都不给他讲！臭小子，你还能睡着了，你还有良心吗？！”说完，抄起棍子就要揍儿子。陈咸赶紧叩头认错，说：“父亲请息怒！您讲的，我都听明白了，中心思想也就是拼命讨好领导这一条，对不？”陈万年听了，手中的棍子“咣当”一声掉在地上，不知如何反驳……

【点评】

丞相丙吉生病，别的同僚大多只是去探望一次，陈万年则屡次随着别人去探望；别人探望，问询一下病情，寒暄一番便告辞，陈万年则留下来伺候丞相，直到下半夜才回家。丞相丙吉弥留之际，皇上问他何人可重用，丙吉把陈万年推荐上去，陈万年做了御史大夫。陈万年就是这样从一个低级小官一步步高升的。

陈万年将自己多年巴结、迎合上级的“宝贵经验”传给儿子，却遭到儿子的鄙夷。为什么？因为他的儿子陈咸信从良知，有人格。其实，即使是陈万年这样的官场老狐狸，他的良知也无法完全泯灭，所以，面对儿子“大要教咸谄也”的负面评价，他无言以对。

家长、教师或领导，训话之前，应该先让自己的良知审核一番训话的内容，过关了再讲，免得像陈万年那样自讨没趣。

3 小“法官”审大老鼠

【原文】

张汤[①]，杜陵人也。父为长安丞[②]，出，汤为儿守舍[③]。还，鼠盗肉，父怒，笞汤。汤掘熏[④]得鼠及余肉，劾[⑤]鼠掠治[⑥]，传爰书[⑦]，讯鞫[⑧]论报[⑨]，并取鼠与肉，具狱[⑩]磔[⑪]堂下。父见之，视文辞[⑫]如老狱吏，大惊，遂使书狱[⑬]。

——《汉书》

【注释】

①张汤：西汉武帝时期负责司法的大臣、廉吏。②丞：长官的助手。③守舍：看家，看门。④掘熏：挖掘（以找出被盗的肉），用烟熏（迫使老鼠从深洞中出来以抓获）。⑤劾：揭发罪状，此指起诉。⑥掠治：拷打讯问。⑦爰（yuán）书：古代的一种司法文书，用以记录办案经过、囚犯供词等。⑧讯鞫（jū）：审讯（犯人）。鞫：审讯。⑨论报：泛指定罪判刑。⑩具狱：案件审理结束并宣判。具：结束，了结。狱：案件。⑪磔（zhé）：一种分裂死刑犯肢体的酷刑。⑫文辞：即文章，此指张汤所写的法律文书。⑬书狱：写作与官司、案件等相关的法律文书。

【意译】

西汉的时候，有个叫张汤的小孩，父亲外出，让他在家看门。父亲回来之后，发现家里的肉少了，很生气，就把张汤狠揍了一顿。张汤摸着生疼的屁股，心想：这事儿准是老鼠干的！于是，他就挖老鼠洞，果然没挖多远找到了肉！老鼠呢？肯定还在洞里面！他就找些草来点火，把烟往洞里吹，要把老鼠熏出来。过了一会儿，果然有一只大老鼠跌跌撞撞跑出来，被张汤逮了个正着。“赃物”和“罪犯”都有了，张汤就开庭。他是既当法官，又当原告，起诉、取证、记录，该有的程序一样也不少。最后，他还郑重宣读“判决书”。

父亲把那判决书拿过来一看，不由得感叹：“好小子，还真不简单，这样的判决书，那些老狱吏也未必能写得出啊！”就对张汤说：“今后啊，你就专门学习汉律，练习司法文书吧！”

多年以后，张汤做了朝廷的最高司法官。

【点评】

因材施教的原则，家长与教师都懂，却往往苦于找不到实施的切入点与抓手。张汤的父亲在这方面恰恰做了一个很好的范例。第一，他培养小张汤的兴趣。张汤这次模拟法官审老鼠，之所以有模有样，应该是作为长安丞的父亲在此前曾多次带着小张汤去观摩庭审现场的结果，否则小张汤不可能自己想象出一整套司法程序。第二，“父见之，视文辞……”说明在张汤审鼠的过程中，他的父亲悄悄在旁边观察着。待发现张汤对审案如此感兴趣，又具有撰写司法文书的禀赋之后，他立刻引导、鼓励张汤把兴趣发展成为专业、职业。当一个人去做自己感兴趣的事情时，他也许辛苦，心里却是甜的，因此更容易出成果。正是因为张汤的父亲让张汤去做自己感兴趣的事情，他才成为中国古代史上最著名的大法官。

由此看来，培养和发现孩子的兴趣，就是实施因材施教原则的切入点与抓手。

4 迷信幼孙儿时慧

【原文】

愍怀太子遹[①]，字熙祖，惠帝长子，母曰谢才人。幼而聪慧，武帝[②]爱之，恒[③]在左右。……宫中尝[④]夜失火，武帝登楼望之。太子时年五岁，牵帝裾[⑤]入暗中。帝问其故，太子曰："暮夜仓卒[⑥]，宜备非常[⑦]，不宜令照见人君[⑧]也。"由是奇[⑨]之。尝从帝观豕牢[⑩]，言于帝曰："豕甚肥，何不杀以享[⑪]士，而使久费五谷？"帝嘉其意，即使烹之。因抚其背，谓廷尉傅祗曰："此儿当兴我家。"尝对群臣称太子似宣帝[⑫]，于是令誉[⑬]流于天下。

……

及长，不好学，惟与左右嬉戏，不能尊敬保傅[⑭]。……

——《晋书》

【注释】

①愍怀太子遹（yù）：司马遹，晋惠帝司马衷的儿子，晋武帝司马炎的孙子。司马遹因为爷爷司马炎的欣赏，被立为太子，后来被嫡母、皇后贾南风诬陷杀害。贾南风集团覆灭，他被追谥为"愍怀太子"。②武帝：晋武帝司马炎。③恒：经常，常常。④尝：曾经。⑤裾（jū）：衣襟。⑥仓卒：亦作"仓促""仓猝"，意为匆忙之间。卒：同"猝"。⑦非常：意外事

变。⑧人君：君主，皇帝。此指晋武帝司马炎。⑨奇：以……为稀奇。⑩豕（shǐ）牢：猪圈。豕：猪。牢：关养牲畜的栏圈。⑪享：宴请，以酒食招待。⑫宣帝：晋宣帝司马懿，晋朝最重要的奠基人，晋武帝司马炎的祖父。司马懿本是曹魏大臣，以文武双全而著称。司马炎正式称帝建立晋朝之后，追封司马懿为“宣帝”。⑬令誉：美好的声誉。令：美好的。⑭保傅：辅导太子（或诸侯子弟）的官员。

【意译】

西晋的愍怀太子司马遹，为惠帝长子，母亲是谢才人。他从小就是个小神童。他的爷爷晋武帝司马炎特别喜欢这个孙子，时常把他带在身边，甚至睡觉时也要把这小孙子搂在怀里。有一天夜里，宫中突然失火，司马炎闻讯赶紧出来登高远眺火势。小司马遹却把爷爷往暗处拽。司马炎问他这是干啥？司马遹说：“三更半夜突然起火，可能是坏人冲着您来的。您暴露在高处、明处，或许正好中了坏人的圈套。”司马遹当时年仅五岁，司马炎不由得暗暗称奇。还有一次，司马遹跟着司马炎到猪圈附近溜达，司马遹说：“这些猪长得这么肥了，为什么还不杀了犒劳大家，让它们浪费饲料干吗？”司马炎更觉得这孙子聪明得不可思议，结果那些猪很快就进了大家的肚子。

司马炎时常当着司马遹的面，对着廷尉等大臣夸赞孙子：“别看俺这孙子幼小，将来一定能干成大事业！”又夸赞说：“我越看就越觉得这孙子像我爷爷，无论哪方面都像，太像了！”司马炎的爷爷叫司马懿，他为司马炎篡夺曹魏的皇位建立晋朝打下了根基。

……

就这样神童司马遹在周围一片赞誉声中长大成了青年。大家发现，他根本不喜欢学习，也不把老师放在眼里。他成天在宫里为所欲为。

再后来，太子司马遹稀里糊涂地被皇后贾南风害死了，死时才二十二岁。

【点评】

孩子是需要适度鼓励的。“适度”，就是鼓励的度要符合孩子优点、成绩的实际情形；还要尽量避免在别的孩子或成人面前进行这种鼓励，免得孩子产生优越感，进而产生惰怠心理。司马炎却在大臣面前屡次夸赞，小小的司马遹竟然“令誉流于天下”。在司马遹的心里，自己已经是天下公认的绝顶聪明了——比满朝文武大臣不知要强多少倍，那还需要学什么习呢？当然不再需要了。

即使司马遹后来没有被毒妇贾南风害死，他的聪明、才智却已经被杀死了，凶手就是他的爷爷、晋武帝司马炎，凶器就是对孙子早慧的迷信和吹捧。

5 皇帝输了一把宝刀

【原文】

丹阳公主①下嫁薛万彻②。万彻蠢甚，公主羞，不与同席③者数月。太宗④闻，笑焉，为置酒，悉召它婿⑤与万彻从容⑥语。握槊⑦赌所佩刀，阳⑧不胜，遂解赐之。主喜，命同载以归。

——《新唐书》

【注释】

①丹阳公主：唐高祖李渊的女儿，唐太宗李世民的妹妹。由李世民做主，嫁给将军薛万彻。②薛万彻：唐初大将。③同席：在同一条席子上共眠或同坐。④太宗：唐太宗李世民。⑤它婿：其他的女婿，此指众驸马。⑥从容：悠闲，自然。⑦握槊（shuò）：一种可用于赌博的游戏。⑧阳：通“佯”，假装。

【意译】

唐太宗做主，把妹妹丹阳公主下嫁给将军薛万彻。薛万彻是个武将，不懂得怜香惜玉，结婚都好几个月了，丹阳公主也不理他。唐太宗听说了，就摆了一场盛宴，把其他那些驸马都叫来，让薛万彻做主宾。酒喝到高兴的时候，唐太宗以腰间的宝刀作为赌注，和薛万彻玩赌博游戏，却故意赌输了。丈夫薛万彻竟然赢了皇帝的宝刀，可算是露了脸。丹阳公主高兴极了，宴会一结束，就赶紧跟丈夫同坐在一辆车里打道回府了。

【点评】

薛万彻是名将，文献说他“蠢甚”是错误的，大概是说他不解风情罢了。如果让丹阳公主与薛万彻离婚，就有损李世民这个皇兄兼大媒人的形象；如果听凭小两口之间的冷战持续，那妹妹就成为家庭不和谐的受害者。唐太宗的解决方法是，设局使得丹阳公主看到夫君的长处，进而化冷漠为亲热。唐太宗的调解，不是一本正经灌输大道理，而是非常注意方式与技巧，值得借鉴。

6　小儿申请改“专业”

【原文】

刘子玄，名知几，以玄宗讳嫌，故以字行。①年十二，父藏器②为授《古文尚书》③，业不进，父怒，楚④督之。及闻为诸兄讲《春秋左氏》⑤，冒⑥往听，退则辨析所疑，叹曰：“书⑦如是⑧，儿何怠⑨！”父奇⑩其意，许授《左氏》。逾年⑪，遂通览群史，与兄知柔俱以善文词⑫知名。

——《新唐书》

【注释】

①刘子玄句：唐代著名史学理论家，因为要避讳唐玄宗的“玄”字，不得已放弃使用“子玄”，用自己的字“知几”代替名字，故以刘知几闻名。②父藏器：父亲刘藏器。③《古文尚书》：《尚书》是孔子编纂的上古史书，经过秦“焚书坑儒”，《尚书》消失。到了西汉，有人凭记忆将《尚书》复述出来，用当时的书体隶书记录，是为《今文尚书》，“今文”即隶书书体。又有人在墙壁中发现了藏匿的古本《尚书》，书体为古代的篆书，被称为《古文尚书》。两种书均叫《尚书》，内容却有较大出入。④楚：拷打。⑤《春秋左氏》：即《春秋左氏传》，左丘明注释的孔子所编纂的《春秋》，简称《左传》。下文《左氏》亦同。⑥冒：冒失。⑦书：即上文所说《古文尚书》。⑧如是：

如此，像这样。⑨怠：懒惰。⑩奇：以……为稀奇。⑪逾年：过了一年，一年之后。⑫文词：文章，文辞。

【意译】

唐朝学者刘知几，到了十二岁的时候，父亲教授他《古文尚书》。刘知几觉得这门课味同嚼蜡，听不进去，为这，他没少挨揍。他的父亲为他的几个哥哥讲授的是《左氏春秋》，刘知几无意间听到了，听得津津有味。下课的时候，刘知几对父亲说："世间竟有《左氏春秋》这样的好书，您为什么不教我呢？"他的父亲依了他，同意他改学《左氏春秋》。一年之后，刘知几的学业突飞猛进，把能找到的史书都看完了，十三岁的刘知几与哥哥都以善于写文章而闻名。

【点评】

人们各自的特长与禀赋，千差万别。所谓"天生我材必有用"，当我们用其所长的时候，他才有可能成为"材"——某个行业的不同层次的专家；当我们用其所短的时候，他就很难"成材"，他自己也因此活得很累。就像当初的刘知几那样，一些学生被老师或家长贴上"差生"的标签，他们往往被指责为懒惰、愚蠢，事实往往并非如此。通过刘知几的故事，希望所谓"差生"们能够坚信"天生我材必有用"，不要在意别人——哪怕是老师、家长的差评，更不要因为那些差评而自暴自弃。老师与家长们也应该在因材施教、改善教学方法上多下些功夫才好。

7　女儿孝敬，老爸生气（二则）

【原文一】

李晟[①]治家以严。……正岁[②]，崔氏女[③]归宁[④]。让[⑤]曰："尔有家，而姑[⑥]在堂，妇[⑦]当治酒食，且以待宾客。"即却之，不得进。达礼[⑧]敦教[⑨]类若此。

——《新唐书》

【注释】

①李晟（shèng）：唐朝中期大将、重臣，屡次平定叛乱，功勋卓著，是当时的朝廷栋梁，封西平郡王。②正岁：农历正月（期间）。③崔氏女：已嫁给崔家的女儿，同下一则中的"崔氏妇"。④宁：已出嫁的女儿或在外的子女回家看望父母。⑤让：责备，谴责。⑥而姑：你的婆婆。而：你，你的。姑：婆婆。⑦妇：儿媳妇。⑧达礼：通晓礼义。⑨敦教：勉励教诲。

【意译】

唐朝的名将李晟，治家非常严格。正月里，嫁给崔家的女儿回娘家探望。李晟对她说："你现在已经是崔家人了。大正月的，大家都要置办酒席招待亲朋，你怎能丢下婆婆自己到娘家来呢？赶紧回婆家去，别进来了！"女儿只好乖乖地回婆家去了。

【原文二】

西平[①]生日，中堂大宴。方食，有小婢附崔氏妇[②]耳语，久之，崔氏妇颔[③]之而去。有顷[④]，复至。王问曰："何事？"女对曰："大家[⑤]昨夜小不安适，使人往候。"王掷箸[⑥]怒曰："我不幸有此女！大奇事，汝为人妇，岂有阿家[⑦]体候[⑧]不安，不检校[⑨]汤药[⑩]，而与父作生日？吾有此女，何用作生日？"为遽[⑪]遣走，檐子[⑫]归，身亦续至崔氏家问疾，且拜谢[⑬]教训子女不至。

——《因话录》

【注释】

①西平：代指西平王李晟。②崔氏妇：已嫁给崔家的女儿。③颔：点头。④有顷：不久，一会儿。⑤大家：婆婆。家（gū）：通"姑"，婆婆。⑥箸：筷子。⑦阿家：婆婆。⑧体候：身体状况。⑨检校：核对，核实。⑩汤药：用水煎服的中药。⑪遽：匆忙，立即。⑫檐子：肩舆之类的出行工具，类似于轿子。⑬拜谢：行礼致歉。

【意译】

有一回，西平王李晟过生日，已经出嫁的女儿也前来祝寿。宴会刚开始，有个丫鬟在女儿的耳边嘀咕了许久，过一会儿又来到女儿的身边嘀嘀咕咕。西平王觉得有点儿不对劲，就问："什么事儿啊？"女儿回答："婆婆昨天夜里有点不舒服，我派人回去照看了。"西平王一听，啪的一声放下筷子，吼道："你真不像话！婆婆生病了，你还在这里给我祝什么寿呢！我这生日还有何趣味呢！”于是，立刻派遣个小轿子，把女儿送回婆家，自己也随后赶到，向女儿的公婆道歉说：“哎，我没把闺女调教好，请亲家原谅啊！”

【点评】

第一，女儿孝敬，李晟当然是喜欢的。只是在他的意识里，女儿既已出嫁，就应当全身心地融入夫家的生活，以夫家为中心，尊敬、关爱夫家的每个成员，夫家才是女儿的未来。因此，李晟才两次赶走女儿。李晟的做法完全符合他那个时代的伦理价值观。在今日，小夫妻应该以自己的小家庭为中心，同时向双方父母尽孝道。第二，李晟教育女儿虽然严格，却非常注意以理服人。教育收到良效的最基本前提，必然是受教者心服，即使受教者是子女，这个前提同样必不可少。第三，李晟教子，总体可敬、可法，却有一个白璧之瑕，即他对女儿施教的语气，总是“让曰（谴责，责备）”，“掷箸怒曰”。其实教育的目的是使受教者进步、纠正错误，心平气和照样可以达此目的，理直者又何必气壮呢？施教者最好能够学习一下东汉名臣刘宽，远离疾言厉色，做个温仁多恕的长者。

8 大画家禁止儿学画

【原文】

太宗[①]与侍臣泛舟春苑池，见异鸟[②]容与[③]波上，悦之，诏坐者[④]赋诗，而召立本[⑤]侔状[⑥]。阁[⑦]外传呼画师阎立本，是时已为主爵郎中[⑧]，俯伏池左，研吮[⑨]丹粉[⑩]，望坐者羞怅[⑪]流汗。归，戒[⑫]其子曰："吾少读书，文辞不减侪辈[⑬]，今独以画见名[⑭]，与厮役[⑮]等，若曹[⑯]慎[⑰]毋习！"

——《新唐书》

【注释】

①太宗：唐太宗李世民，唐朝第二位皇帝。②异鸟：不同的鸟，各种鸟类。③容与：悠闲自得的样子。④坐者：在座的人，即上文所说的"侍臣"。⑤立本：指阎立本，唐代大画家。⑥侔（móu）状：摹写景物。侔：齐，等同。⑦阁：大门旁边的小门。⑧主爵郎中：官名，无实权。⑨研吮：和水磨墨以成为墨汁，再用毛笔蘸墨汁。吮：此指用毛笔蘸墨。⑩丹粉：泛指绘画、书写的颜料。⑪羞怅：羞愧而惆怅。⑫戒：通"诫"，告诫。⑬侪（chái）辈：同辈，朋辈。侪：同类的人。⑭见名：出名。⑮厮役：原指干杂活的奴隶，后泛指奴仆。⑯若曹：你们。若：你或你们；曹：等，辈。⑰慎：与"毋""莫"等连用，表示禁戒，相当于"千万不要……"。

【意译】

有一天，唐朝的天字第一号大画家阎立本退朝回家，看见儿子正在学绘画，就怒气冲天地把儿子的画纸胡乱捏成一团，摔在地上，恶狠狠地说："从今以后，不许再学画了！给我一门心思参加科举考试！"

天下第一的大画家，怎么会禁止儿子学画呢？

原来，皇上在那天带着一群大臣在春苑池泛舟游玩。蓝天白云的映衬下草木翠绿，水面上各种鸟儿或优哉游哉，或低飞戏水。唐太宗龙颜大悦，就让众臣吟诗抒情，又让人传话，把大画家阎立本叫来，好把他们君臣游乐的情景画下来，作个纪念。

阎立本在池边俯身磨墨铺纸，开始作画。望着皇上与身边近臣们吟诗作赋、神采飞扬的样子，阎立本觉得自己就像一个伺候大家的奴仆，为此紧张而羞愧，身不由己地就大汗淋漓，浑身衣服都湿透了。终于画完了，交差了，他拖着疲惫的身子离开了春苑池。在回家的路上，阎立本回想着刚才的情景，觉得受了莫大的羞辱！想想原因，他觉得这都是绘画这门手艺惹的祸。正是"天下第一画家"的招牌盖住了他做官的天才，把他的人生篡改成了悲剧。到了家里，他发现儿子正在认真地画画，这才不由得怒火中烧，禁止儿子继续学画。

天下第一画家的儿子从此再不画画，一门心思参加科举考试去了。

【点评】

封建皇权时代，形成了官本位的社会价值观。这个价值观之下，人们以官职高低、权力大小来评判所有社会成员的成败和贵贱。做官之外的各行业精英，既是这种价值观的受害者，又是这种价值观的拥趸。他们不敢去批判这种价值观，而是自己瞧不起自己，憎恨自己居然拥有做官之外的天赋、才能，因此竭力避免儿孙们继续操此“贱业”。这才有了天下第一大画家禁儿学画的咄咄怪事。

可见，家风固然影响着社会的风气，而社会的价值观对家风的影响亦不可忽略。希望社会与家庭共同努力，以促进两者之间的良性互动。

9　姑父的面具掉地上

【原文】

裴佶[①]常[②]话：少时姑父为朝官，有雅望[③]。佶至宅看其姑，会其朝退，深叹曰："崔昭[④]何人，众口称美，此必行贿者也。如此安得不乱？"言未竟，阍者[⑤]报寿州崔使君[⑥]候谒[⑦]。姑父怒呵阍者，将鞭之。良久，束带强出。须臾，命茶甚急，又命酒馔[⑧]，又命秣[⑨]马饭[⑩]仆。姑曰："前何倨[⑪]而后何恭也？"及入门，有得色[⑫]，揖[⑬]佶曰："且憩[⑭]学院[⑮]中。"佶未下阶[⑯]，出[⑰]怀中一纸，乃昭[⑱]赠官䌷[⑲]千匹。

——《唐国史补》

【注释】

①裴佶（jí）：唐朝德宗时期官员，官至工部尚书。②常：通"尝"，曾经。③雅望：清高的名望，多指清廉正直。④崔昭：唐朝官员，曾任州郡长官，略早于裴佶。⑤阍（hūn）者：看门的人。阍：守门，取其黄昏时闭门之意。⑥崔使君：代指崔昭。使君：对州郡长官的尊称。⑦候谒：等候接见。⑧酒馔：酒食。⑨秣（mò）：饲料，此处作动词用。⑩饭：供给……饭食。⑪倨：傲慢。⑫得色：得意的表情。⑬揖：行拱手礼。⑭憩：休息。⑮学院：书房。⑯阶：台阶。⑰出：掉落。⑱昭：崔昭的简称。⑲官䌷（shī）：唐朝的法律规定，每个男丁每年

应向国家交纳粗绸二丈，谓之“官绝”。绝：粗绸。

【意译】

唐朝晚期，有个叫裴佶的青年去拜访姑母。姑父在朝为官，素有清正廉洁的名声，碰巧也刚刚退朝回家。姑父紧紧握住裴佶的手，说：“贤侄，我跟你说啊，咱大唐快完了，真的，快完了！”裴佶问：“姑父何故如此悲观？”姑父说：“哎，不知贤侄可曾听说过崔昭这个人？他主政寿州，简直就是贪官里头的贪官。今日上朝，皇上询问崔昭的政绩、人品，满朝大臣居然交口称赞，争相荐举。这是为什么？为什么？肯定是崔昭的赃钱显灵了呗！咱们大唐就要毁在这帮人渣手里喽，气死我了！……”

姑父正慷慨激昂，守门的人禀报：“崔使君求见。”对，就是姑父正在痛骂的那个人。姑父大怒：“崔昭？还不让他给我滚，报什么报啊？！老夫这风清气正的宅院，难不成让他这个人渣进来玷污吗？！”说着，姑父拿过鞭子，扬起来要抽打守门人。鞭子却停在半空，好像被施了定身术，并没落下。姑父又喘了几口粗气，放下鞭子，很不情愿地换上正装，将崔昭接进屋。

不一会儿姑父从里面传出话来，催仆人上茶；又过一会儿，命令准备上好的酒席；再过一会儿，又命令照顾好崔昭的马匹，也要让崔昭的仆人们吃好喝好。裴佶的姑母说：“如此前倨后恭，他这是中了魔法吗？”宴会终于结束，姑父送走崔昭回来，满面春风，健步如飞。裴佶也惊讶姑父为何前后判若两人。突然，从姑父身上飘然落下一片纸，正落在裴佶脚前。裴佶捡起来瞅一眼，原来是一张一千匹绸布的取货单，不用问，崔昭送的！裴佶心里暗暗说："姑父的面具掉地上了！"

【点评】

姑父抓住内侄登门造访的机会进行思想教育，主题是当前的腐败现象及其危害，切中时弊；内容是一个叫崔昭的地方长官大肆贿买中央官员，真人、真事，具体、可信；解决方法呢，估计应该是让姑父这类"君子"把崔昭这种人渣换下来，没来得及讲，被案例中的反面教材崔昭登门拜访打断了。一堂"优质"思想教育课，就此全砸了，因为主讲的姑父是个两面人，与其说他身上掉落的是一张取货单，倒不如说是他的面具。其实，姑父当初所恨的就不是崔昭的大肆行贿，而是恨崔昭竟然不向他行贿。

子曰："其身正，不令而行；其身不正，虽令不从。"姑父用自己践踏的大道理去哄骗别人——即使是家人、亲戚，也只能招致鄙夷和不屑。

10 “虎妈”不让考第二

【原文】

杨宣懿察[①]之母甚能文，而教子以义方[②]，少不中礼，辄[③]扑[④]之。察省试[⑤]榜发，科[⑥]第二。人报者至，其母睡未起。闻之，大怒，转面向壁曰：“此儿辱我如此，乃为人所压[⑦]邪。”及察归，亦久不与语。其年廷对[⑧]，宣懿果魁天下[⑨]。

——《默记》

【注释】

①杨宣懿察：即杨察，宋仁宗时期官员、学者，谥号“宣懿”。②义方：应该遵守的言行准则及道理。③辄（zhé）：立即。④扑：揍，体罚。⑤省试：宋、金、元时期，由礼部主持的进士科考试。⑥科：科举考试中的名次。⑦压：超过，胜过。⑧廷对：即廷试、殿试，皇帝亲自于朝廷对通过省试的进士们面试。⑨魁天下：一般指科举中获得第一名，即获得头名状元。魁：居首位。

【意译】

北宋的时候，有个叫杨察的学霸，参加礼部主持的进士科考试，取得全国第二的好成绩。报喜的人到了杨府，杨察的母亲当时正在休息，还没有起床，听说儿子才得了第二名，就生气地把脸转向墙壁，说："这个熊孩子，竟然不是第一名！我这老脸还往哪儿搁啊，气死我了！"等到杨察回来，母亲好久都不搭理他。后来，皇帝面试的时候，杨察夺得了头名状元，这回母亲总算满意了。

【点评】

家长给孩子施加重压，促使其博取功名利禄，往往打着"为孩子好"的旗号，其实主要是为了自己的面子，这是一种隐性的势利。杨察的母亲便是如此，只是她很幸运，儿子后来果然"魁天下"，她的虚荣心得到了满足。其实，杨察之所以能够"魁天下"，是因为杨察的实力，绝非母亲高压的结果。

关于孩子的学习成绩，家长无须逼子"成龙"，而应关注孩子是否努力，努力的方法是否适宜。至于孩子取得了什么样的成绩，能不能"成龙"，只能是"谋事在人，成事在天"，千万别因为杨察的"魁天下"而效法他母亲的苛责。她那种高压之下，孩子很累，家长更累，孩子被逼急了，甚至可能做出一些极端的事来，这样的教训屡见不鲜。

在学生自身而言，的确应该努力学习，这就如同工人应该努力做工、农民应该努力种田一样。只要你努力了，就不需要太在乎别人的眼光，包括长辈苛求的眼光，因为你已经尽力。

11 玉带系身

【原文】

旦[①]事寡嫂有礼，与弟旭[②]友爱甚笃[③]。……有货[④]玉带[⑤]者，弟以为佳，呈旦。旦命系之，曰："还见佳否？"弟曰："系之安得自见？"旦曰："自负重而使观者称好，无乃[⑥]劳[⑦]乎！"亟[⑧]还之。故所服止于赐带[⑨]。

——《宋史》

【注释】

①旦：指王旦，北宋真宗时期的宰相，也是中国历史上的名相。②弟旭：弟弟王旭。③笃：深厚，厚实。④货：卖。⑤玉带：皮革所制成且镶以玉石的高档腰带。⑥无乃：反问词，意为"难道不"。⑦劳：辛苦。⑧亟（jí）：急切。⑨赐带：朝廷所赐、与官员级别相匹配的腰带。此种腰带档次较为普通。

【意译】

北宋大臣王旦很疼爱弟弟王旭，教育王旭也有一套。有一天，一个卖玉带的人向王旭推销，说他的玉带绝对上档次。王旭看中了，就把那条玉带拿给哥哥王旦看，希望哥哥买下。王旦看了看玉带，对王旭说："你把玉带系身上，看看效果怎样？"王旭就系上了。王旦说："这玉带的确上档次，只是你自己瞧得见吗？”王旭说：“系在身上了，自个儿哪能瞧见呢？”王旦说：“自己身上系着这么个沉重的物件，只为了给别人欣赏，咱们这是何苦呢！”听了哥哥的话，王旭赶紧把玉带还给人家了。王旦终身只系着朝廷赐给他的普通腰带。

【点评】

弟弟要王旦买那条玉带，就是虚荣心作怪，这一点王旦是非常清楚的。但是王旦并没有板起脸来批评弟弟爱慕虚荣，而是用一个精巧设计的情节，让弟弟看到虚荣心在本质上的无聊与可怜。弟弟就此明白了一个人生哲理：人，不应活在别人的眼神里，而应活在自己的良知里。可见，成功的家教绝非简单地灌输大道理，还需要爱心和智慧。

12 劝儿休战

【原文】

德光[①]事其母甚谨，常侍立其侧，国事必告而后行。

德光之击晋[②]也，述律常非[③]之，曰："吾国用一汉人为主可乎？"德光曰："不可也。"述律曰："然则[④]汝得中国[⑤]不能有，后必有祸，悔无及矣。"

德光死[⑥]，载其尸归，述律不哭而抚其尸曰："待我国中人畜如故，然后葬汝。"

——《新五代史》

【注释】

①德光：耶律德光，耶律阿保机与皇后述律氏的次子，契丹王朝的第二位皇帝。②晋：五代时期位于中原的后晋王朝。③非：责怪，反对。④然则：既然这样。⑤中国：此指汉族聚居的中原地区。⑥德光死：耶律德光最后一次侵略后晋，亡后晋，俘其帝，遂纵兵大掠作为对将士的犒赏。中原人民因之奋起反抗，契丹军队死伤惨重。耶律德光只好率兵狼狈撤出中原，他本人亦死于回国途中。

【意译】

辽国的开国皇帝耶律阿保机去世了，他的皇后述律氏掌控全局。次子耶律德光雄才大略，述律氏尤其钟爱这个儿子。大臣们迎合她的意旨，撇开皇长子，拥戴耶律德光做了契丹国的第二位皇帝。

耶律德光时常亲自侍奉母后述律氏，重大的国事也往往征求述律氏的意见。就有一条述律氏很不满意，那就是耶律德光屡屡发动对中原地区的侵略。述律氏多次劝他休战，耶律德光狡辩说他能够一统天下，建立伟大事业，云云。有一回，述律氏问耶律德光："要是中原的皇帝征服了我们契丹国，他能统治咱们吗？"耶律德光说："不能！"述律氏又问："为何呢？"耶律德光说："咱们辽国人心里不服，不会让他安生的。"述律氏说："同样的道理，就算你征服了中原，又怎能统治他们汉人呢？你还是听娘的话，趁早休战吧！"耶律德光理屈词穷，只好点头称是，实际上却阳奉阴违，继续侵略中原。

这一回，耶律德光的侵略军大获全胜，连中原的皇帝都被他逮住了。因为大胜，耶律德光就纵容士兵劫掠中原百姓，作为对将士们的犒赏。他怎么也没料到，群龙无首的中原百姓竟蜂拥而起，结队死斗，耶律德光的军队竟然死伤累累，溃不成军。耶律德光只好率残军狼狈溃退。归途中耶律德光也死了。

抚摸着耶律德光的尸体，母后述律氏一声也没哭，只是喃喃自语道："辽国已被你折腾得够呛，等我让臣民们安生了，再给你办丧礼吧！"

【点评】

耶律德光作为皇帝的确智勇双全，他的母亲述律太后苦心劝谏他休战求和，正体现了中华民族爱好和平的传统文化精髓，也表现了述律太后坚持用正确思想教子执政的原则。虽然耶律德光阳奉阴违，述律太后也算尽到了作为母亲的督教之责。孝的核心是敬畏与顺服。耶律德光“事其母甚谨，常侍立其侧，国事必告而后行”，似乎是个大孝子，恰恰在战争与和平这个大问题上阳奉阴违，在本质上他仍是个逆子。最终，面对儿子的尸体，述律太后却“不哭”，她要等国家太平、百姓安居的时候再将儿子下葬。可见，在她心里，儿子之前的征伐实属“大逆不道”。

13 老父“长征”治儿“官病”

【原文】

彭泽①，字济物，兰州人。……出为徽州②知府。泽将遣女③，治④漆器数十，使吏送其家。泽父大怒，趣⑤焚之，徒步诣⑥徽。泽惊出迓⑦，目⑧吏负其装⑨。父怒曰：“吾负此数千里，汝不能负数步耶？”入，杖泽堂下。杖已，持装径去。泽益痛砥砺，政最⑩。

——《明史》

【注释】

①彭泽：明朝官员。②徽州：地名，大抵包括今安徽省黄山市及江西省婺源县。③遣女：嫁女。④治：筹办，置办。⑤趣：同“促”，急促。⑥诣（yì）：到（某地）。⑦迓（yà）：迎接。⑧目：使眼色。⑨装：行李。⑩政最：在同级官员考核中，政绩最优。

【意译】

明朝时有个叫彭泽的兰州人，在南方的徽州做知府。他的女儿快要出嫁了，他就在徽州给操办了数十件地方特产漆器，派下属把这些漆器送到兰州老家，好作为女儿的嫁妆。彭泽的父亲见那些漆器是儿子的下属送来的，二话没说，气哼哼地都给烧掉了，然后立刻动身，徒步赶到徽州。

听说父亲突然来了，彭泽惊讶地出来迎接，并使眼色让下属赶紧将父亲的行李给接过来。父亲愤怒地说："这行李，我能背着走几千里，一直背到你这儿，你自己替我背几步都做不到吗？！"说着，父亲走到彭泽的知府大堂。彭泽知道父亲很生气，就一直小心地紧跟着，连声赔不是。没想到，父亲碰巧看到大堂里的刑杖，拿过来照着彭泽就是一顿痛打。打完了儿子，他拿起行李，掉头就回兰州去了。

彭泽被揍醒了，从此严于律己，更加廉政、勤政，在朝廷对同级官员的考核中，他屡次荣获第一名。

【点评】

一些官员有一种"官病"，除了将本该由自己完成的分内之事摊派给下属，甚至安排下属为其代劳家务。这种病的本质是隐性贪污——侵占政府公务员的劳务，往往也是显性贪污的萌芽。官员沉浸其中，很容易走上贪污受贿的不归路。彭泽安排官差往老家兰州送漆器，便是此病的症状。他的父亲见到送漆器的差役，立刻就明白了：儿子已经得了这种病，必须去给儿子治治！从兰州到徽州这趟"长征"，老人家不易，但是值！下的药有点猛，却管用！

14　鱼肥凭水宽

【原文】

嘉兴屠渐山谕德[1]，一日欲治[2]仆某，怒甚。仆惶遽[3]，求解[4]于夫人。夫人笑谓置[5]一大鱼来，莫测其指[6]。渐山公嗜鱼，见而诧其肥。夫人从旁微哂[7]曰："但[8]水宽耳。"仆以此获免。

——《见闻录》

【注释】

①屠渐山谕德：屠渐山，字谕德，明末绅士。②治：惩处。③惶遽：惊恐慌张。遽：惊惧。④求解：请求解救。⑤置：购买。⑥指：同于"旨"，意义，目的。⑦微哂：微笑。哂（shěn）：微笑，讥笑。⑧但：只，只是。

【意译】

嘉兴人屠渐山家里的一个仆人犯了错，屠渐山发狠要好好收拾他。仆人惊恐之下向屠渐山的夫人求救。夫人说："你去买条大鱼来，保你平安无事！"仆人莫名其妙，却又不好细问，就按着吩咐去买了条大鱼。屠渐山本就喜欢吃鱼，见了这么肥大的鱼，就问夫人："这鱼怎么长得这么大啊？"夫人微笑着说："还不是因为水面宽！"屠渐山一听，知道这是夫人讥讽自己心胸狭窄，对仆人苛刻，便会心一笑，放弃了惩处仆人的念头。

【点评】

原来那条大鱼仅仅是夫人的教具：只有见到大鱼，丈夫才会发问，夫人才能水到渠成地给出早就设计好的答案：水宽！暗寓人应该心胸宽阔，斤斤计较非君子风范也。丈夫完全听懂并接受了夫人的暗示，放过了仆人。

这是一个成功的启发式教学案例，生动地诠释了家教是一门艺术。夫人成功的奥妙在于，她通过精心设计的场景，避免当面指责丈夫，却让丈夫看到并改正自己的缺点。有个“闻过则喜”的成语，意思是听到别人指出自己的缺点就非常高兴。对于绝大多数人而言，那只是一种理想的境界罢了，比这个境界更重要的是面子。从这个角度来说，施教者能将批评与维护被批评者的面子融合，这样的教学便是艺术了，如屠夫人这样的施教者，便是艺术家了。

15 酒鬼怎配做知县

【原文】

王章[①]，字汉臣，武进人。崇祯[②]元年进士，授诸暨知县。少孤，母训之严。及为令[③]，祖帐[④]归少暮，母诃跪予杖，曰："朝廷以百里[⑤]授酒人[⑥]乎！"章伏地不敢仰视。亲友为力解，乃已。治诸暨有声[⑦]。甫[⑧]半岁，以才调鄞县[⑨]。诸暨民与鄞民争挽章，至相哗。治鄞益有声。

——《明史》

【注释】

①王章：明朝末期官员。②崇祯：明朝末期皇帝明思宗朱由检的年号。③令：官名，即上文之"知县"。④祖帐：古人在郊外路旁为饯行而搭设的帐篷，也代指饯行的酒筵。祖：出行时祭祀路神。⑤百里：古代一县所辖范围大约方圆百里，故以"百里"代指一县。⑥酒人：喜欢饮酒的人，酒鬼。⑦有声：著名，著称。⑧甫：刚刚，才。⑨鄞（yín）县：地名，相当于今宁波市鄞州区。

【意译】

明朝末年，江苏武进这地方有个叫王章的书生，幼年丧父，与母亲相依为命。王章很争气，考取了进士，被任命为浙江诸暨的知县。亲友们设宴为王章送行，王章不自觉地就喝多了，回家也有点晚。几个亲友把王章送进家门，王章的母亲一看他那走路不稳的样子，气不打一处来，命令王章跪下，一边用棍子打，一边呵斥："你这县太爷，还没上任就先成了个酒鬼。朝廷把一个县交给你管，你就这么开头！我要是不给你点颜色瞧瞧，将来还不知成什么样！"亲友们连忙苦劝，王章的母亲这才罢手。王章这下子是彻底醒了酒，觉得母亲教训得对。任诸暨知县期间，王章凡事格外小心、勤奋，才半年就赢得了诸暨百姓的爱戴。因为政绩优秀，朝廷又把他调到鄞县。诸暨人挽留不放他走，鄞县人又来到诸暨接他，两县的人还为此闹得不愉快。能把官做到这个份上，说起来，还是母亲严格督教的结果吧。

【点评】

金榜高中，被授予一县之长，确实可喜。然而，一些官员觉得这是十年寒窗应有的回报，开始享乐放纵，这或许就是他们后来堕落、贪腐的思想源头。通过"祖帐归少暮"这个细节，王章的母亲警觉到儿子产生了这种混账思想，毅然对儿子当头棒喝，这就有了很好的防微杜渐、止于萌芽的功效。严厉的呵斥、责罚，正是寡母对儿子的深爱。我们不主张家长轻易体罚子女，而王章母亲对人民、对朝廷的忠心以及对儿子的慈爱，却是值得后人学习的。

七　信

1　守信尽忠

【原文】

有士[①]申鸣[②]者，在家[③]而养其父，孝闻于楚国。王欲授之相[④]，申鸣辞不受。其父曰：“王欲相[⑤]汝[⑥]，汝何不受乎？”申鸣对曰：“舍父之孝子而为王之忠臣，何也？”其父曰：“使有禄于国，立义于庭，汝乐吾无忧矣，吾欲汝之相也。”申鸣曰：“诺[⑦]。”遂入朝，楚王因授之相。

居三年，白公[⑧]为乱，杀司马[⑨]子期[⑩]，申鸣将往死之，父止之曰：“弃父而死，其可乎？”申鸣曰：“闻夫仕者身归于君而禄归于亲，今既去子事君，得无死其难乎？”遂辞而往，因以兵围之。白公……往取其父，持之以兵，告申鸣曰：“子与[⑪]吾，吾与子分楚国；子不与吾，子父则死矣。”申鸣流涕而应之曰：“始，吾父之孝子也；今，吾君之忠臣也。吾闻之也，食其食者死其事，受其禄者毕其能；今吾已不得为父之孝子矣，乃君之忠臣也，吾何得以全身！”援桴[⑫]鼓之，遂杀白公，其父亦死，王赏之金百斤，申鸣曰：“食君之食，避君之难，非忠臣也；定君之国，杀臣之父，非孝子也。名不可两立，行不可两全也，如是而生，何面目立于天下。”遂自杀也。

——《说苑》

【注释】

①士：春秋时期，每十户人家推举一人为首领，处理十户内的公共事务，亦办理官府交办的相关公务。此被推举之首领即为“士”，他们往往具备一定的文化知识，“士”后来演变为知识分子的代称。②申鸣：春秋时期楚国大臣。③在家：生活在家里，相对于出去做官的“出仕”而言。④相：宰相。⑤相：宰相，此作动词用，意为：使……做宰相。⑥汝：代词，你。⑦诺：答应的声音，表示同意。⑧白公：名胜，楚国王族。⑨司马：军官名。⑩子期：人名。⑪与：交往，友好。此指合作。⑫援枹（fú）：用手拿过击鼓槌。援：拿过来。枹：击鼓的木槌。

【意译】

春秋时期楚国有个叫申鸣的士子，是个出了名的大孝子，又有才。楚王任命他做宰相，被他一口回绝了。他的父亲问：“这是为何呢？”申鸣说：“忠孝难以两全啊！”父亲说：“你去堂堂正正地做你的宰相，又有丰厚的俸禄孝敬我，这就是两全其美啊！”看到父亲如此热心，申鸣就听他的话去做宰相了。

三年后，有个叫白胜的王族发起叛乱，申鸣亲自率军平叛。临行，父亲说：“儿啊，万一你死了，剩下我一个人孤零零的没人赡养，那可怎么办呢？你还是别去了吧！”申鸣说：“父亲啊，做官的人领取国君的俸禄孝养亲人，命却已经属于国君了。现在国君有难，正是我这做臣子的为他卖命的时候！”于是告别父亲，前去指挥作战。白胜知道申鸣是个大孝子，就把他的父亲劫持过来，对申鸣喊话说：“令尊大人在我手上。你与我联手的话，不仅他老人家平安无事，我还乐意和你一起瓜分楚国，咱们两人都当国王。否则的话，你父亲的命可在我手里！”申鸣回复说：“我原来曾经是个大孝子，现在我只是国君的忠臣，身不由己了！”于是亲自击鼓，下达进攻的命令。白胜兵败被杀，申鸣的父亲也被白胜害了。白胜的叛乱被申鸣平定了，国君给予申鸣厚赏。申鸣喃喃自语道：“要是当初我再坚持一下，别顺着父亲的意思出来做官就好了。现在，忠臣是做成了，可父亲不也被我害死了吗！我还有脸活下去吗？”于是，申鸣自杀了。

【点评】

第一，做官的人得到国君的俸禄，因此忠于国君，进而为国君献身，古人的规矩就是这样，实际上就是当时的一种契约。申鸣的献身是对契约的履行，他信守契约的精神值得学习。第二，申鸣前后所做的抉择均无可厚非，但他的自杀是出于愚孝，绝不可取。

2　生了亲儿子，不改继承人

【原文】

初，宁[①]未有子，养[②]弟永恩子绩[③]。及生子赞[④]，亲属皆请赞为嗣[⑤]。宁曰："兄弟之子，犹子也，吾何择焉？"遂以绩为世子[⑥]。世以此称之。及宁薨[⑦]，绩袭爵，少历显位[⑧]，大象[⑨]末，上柱国、利州总管[⑩]。赞以宁勋，建德[⑪]初，赐爵华阳县侯。累迁[⑫]开府仪同大将军、进爵武阳郡公。

——《周书》

【注释】

①宁：指豆卢宁，西魏至北周时期名将。②养：收养，过继。③弟永恩子绩：弟弟豆永恩的儿子豆绩。④子赞：儿子豆赞。⑤嗣（sì）：继承人。古代的官宦世家，只有被立为继承人的那个儿子，才有权继承父亲的官爵、俸禄。⑥世子：皇帝、诸侯或其他大户人家的继承人，同上文的"嗣"。⑦薨（hōng）：诸侯或者拥有高等爵位、身份的人去世。⑧显位：高位。⑨大象：北周静帝宇文阐的年号。⑩上柱国、利州总管：均是官爵名称。⑪建德：北周武帝宇文邕的年号。⑫迁：官职调动，一般指升职。

【意译】

豆卢宁是南北朝时期的北朝名将，战功显赫，被封为楚国公。他娶亲好久了也没有儿子，就把侄子豆绩过继过来当儿子，做自己的继承人。没想到妻子后来又生了一个儿子豆赞。亲戚们都劝他改立豆赞为继承人。豆卢宁坚决不肯，说："侄子和儿子之间有什么区别呢？更何况，我已经立了豆绩为继承人，现在再剥夺他的继承人资格给豆赞，多伤他的自尊心啊！"大家都称赞他厚道。后来豆卢宁去世了，豆绩继承了楚国公的爵位，年纪轻轻就名声显赫，做了大官。儿子豆赞也因为豆卢宁的功勋被封了侯，并且逐渐升迁，也得到了高官厚禄。

【点评】

豆卢宁的可贵之处有两点：第一，在他的心目中，官爵厚禄这些物质利益的价值远比不上他与已经立为继承人的侄子之间的亲情；他坚持侄子作为继承人的地位不动摇，也是对侄子人格的尊重。诸君设想一下：如果豆卢宁听了众亲属的劝说，将"世子"资格从侄子那儿剥夺过来交给亲生儿子，侄子豆绩情何以堪？第二，他厉行诚信至上的原则，即使亲生儿子因此损失了巨大的利益。东汉名臣杨震曾经说，以清白作为遗产留给子孙，这样的遗产不也非常丰厚吗？豆卢宁将诚信作为遗产留给亲生的儿子，也同样是一笔丰厚的遗产。

3　救民岂能夺其财

【原文】

高祖[1]皇后李氏，晋阳人也，其父为农。……开运[2]四年，高祖起兵太原[3]，赏军士，帑藏[4]不足充，欲敛于民。后谏曰："方今起事，号为义兵，民未知惠而先夺其财，殆[5]非新天子所以救民之意也。今后宫所有，请悉出之，虽其不足，士亦不以为怨也。"高祖为改容[6]，谢[7]之。高祖即位，立为皇后。

——《新五代史》

【注释】

①高祖：五代时期后汉的开国皇帝、后汉高祖刘知远。刘知远本是后晋大臣，后趁契丹攻灭后晋之机起兵建立后汉王朝。②开运：五代时期后晋末帝石重贵的年号。③高祖起兵太原：后晋被契丹攻灭，作为后晋重臣的刘知远乘机在太原起兵反抗契丹。④帑（tǎng）藏：国库。帑：收藏钱财的府库或钱财。⑤殆：大概，几乎。⑥改容：因感动而脸色变得严肃、羞愧。⑦谢：认错，表达歉意。

【意译】

五代时期，后晋被契丹攻灭，后晋重臣刘知远趁中原无主大乱之际，在太原起兵。刘知远宣传造势，说他的军队是义兵，要救民于水火之中。因为需要犒赏将士，资金不足，刘知远就打算向百姓伸手搜刮。他的夫人李氏劝谏说："咱们起事，高举着拯救百姓的大旗。现在百姓还没得到咱们一文钱好处，却要先被咱们搜刮一番，这样干也太不像话了！这样吧，后宫里还有些钱财，先把这些全部拿出来犒赏将士，即使钱不多，将士们想必也能理解。"夫人的话在理，刘知远顿时对夫人肃然起敬，就照着夫人说的办。

后来，刘知远起兵成功，登基称帝，建立后汉政权，就封李夫人为皇后。

【点评】

刘知远自称其军队为"义兵"，即是向百姓承诺：他和他的军队是代表和维护人民利益的。代表和维护人民利益，可不是一句空话。明明后宫里还有不少资财，刘知远却首先惦记起百姓的口袋——五代战乱频仍，人民的口袋早就干瘪了，"民未知惠而先夺其财，"说一套做一套。幸有夫人李氏及时劝阻，否则刘知远起事之初便在政治上先出昏招，未必能成大业。

历史上打着"义兵"旗号，干着搜刮人民勾当以打江山的枭雄、枭妇们不计其数。因此，李夫人尤显难能可贵，足令后人敬仰，不是因为她辅佐丈夫打下了江山，而是因为她献出自己的私房钱，教导丈夫做人一定要诚实、厚道，胸中有百姓。

4　太后临终讲实话

【原文】

建隆①二年，太后②不豫③。太祖④侍药饵⑤不离左右。疾亟⑥，召赵普⑦入受遗命。太后因问太祖曰："汝知所以得天下乎？"太祖呜噎⑧不能对。太后固⑨问之，太祖曰："臣所以得天下者，皆祖考⑩及太后之积庆⑪也。"太后曰："不然，正由周世宗⑫使幼⑬主⑭天下耳。使周氏⑮有长君⑯，天下岂为汝有乎？汝百岁后当传位于汝弟⑰。四海⑱至广，万几⑲至众，能立长君，社稷⑳之福也。"太祖顿首㉑泣曰："敢不如教。"太后顾谓㉒赵普曰："尔同记吾言，不可违也。"命普于榻前为约誓㉓书，普于纸尾书"臣普书"。藏之金匮㉔，命谨密㉕宫人㉖掌之。

——《宋史》

【注释】

①建隆：宋太祖赵匡胤的年号。②太后：指宋太祖赵匡胤的母亲杜氏。③不豫：生病，身体不适。豫：舒适。④太祖：宋朝开国皇帝赵匡胤。⑤药饵：用以治病的药品。⑥疾亟：病情加重。⑦赵普：北宋初期重臣，官至宰相。⑧呜噎：抽泣。⑨固：执意。⑩祖考：已故的祖先。⑪积庆：积德。⑫周世宗：五代时期后周皇帝柴荣。赵匡胤曾是他的臣下。他传位给幼主，

未及一年，赵匡胤发动陈桥兵变，夺取后周政权，建立了宋朝。⑬幼：此处意为“年幼者”。⑭主：掌管，治理。⑮周氏：代指后周王朝。⑯长君：年长的君主、皇帝。⑰汝弟：即宋太祖赵匡胤的弟弟赵匡义，后因避讳赵匡胤的名字而改为赵光义。赵光义后来继承哥哥宋太祖的帝位，成为北宋的第二位皇帝，他的庙号是太宗。⑱四海：天下。古代的中国人以为以中国为中心的大陆分别被东、西、南、北四个大海所环绕，故以“四海”代指天下。⑲万几：帝王日常处理的纷繁国务。⑳社稷：国家。㉑顿首：叩头。㉒顾谓：回头对……说。㉓约誓：以誓言相约，保证信守。㉔金匮：亦作“金柜”，铜制的柜子，古人用以收藏重要文献等。匮：通“柜”。㉕谨密：办事谨慎而细密。㉖宫人：负责君王日常生活事务的官员。

【意译】

宋太祖赵匡胤的母亲杜太后病危的时候，把大臣赵普叫来，要口授遗嘱。一直在母后床边伺候着的赵匡胤觉得纳闷：有遗嘱直接交代给他这个皇帝儿子去办不就得了，干吗非得要把赵普召来呢？赵普来了，杜太后开口问赵匡胤说：“咱们老赵家凭什么得到天下？”宋太祖说：“那都是列祖列宗和您老人家积德行善，我们这些做子孙的才得到了善报。”杜太后叹了口气，说：“不是这样。其实只有一条：周世宗让幼主继位，咱们老赵家趁机抢了人家的龙椅！”赵匡胤愣了一下，不得不点头称是。杜太后喘着粗气，又说：“你得把皇位传给你弟弟！咱们老赵家可不能重蹈他周朝的覆辙。要不然我死不瞑目啊！”宋太祖一边叩头，一边哭着说：“母亲大人为儿孙的千秋基业着想，儿怎敢违背！”杜太后看着赵普，说：“赵普，把我们刚才的话记下，千万要按这样做！”后来，宋太祖赵匡胤的皇位就传给了弟弟赵匡义，而不是传给儿子。赵匡义后来改名赵光义，就是宋朝的第二位皇帝宋太宗。

【点评】

杜太后一再追问：咱们为什么能够得到江山？宋太祖赵匡胤习惯性地搬出“皆祖考及太后之积庆”之类的套话，他怎肯承认抢人家小孩子江山的勾当，让自己以及皇朝形象受损？是的，宋朝建立以后，有关部门必定会按照赵匡胤定的这个调子大肆宣传，还会加上一些“奉天承运”的神话。其他人就更不敢说破，而是主动捧场，因为说破有祸，捧场有奖。

在平时，杜太后也是不会说破的，为何临终时一定要说破？因为更长远的利益。她看到宋太祖的儿子幼弱，不愿意老赵家的龙椅同样因为幼主而再被别人家抢去。

5　不攀名人（二则）

【原文一】

或告以当推狄梁公[1]为远祖，武襄[2]愧谢曰："某出田家，少为兵，安敢祖[3]唐之忠臣梁公者！"

——《河南邵氏闻见前录》

【注释】

①狄梁公：狄仁杰，唐朝武则天时期重臣，史上著名的宰相，封"梁国公"，故称其为"狄梁公"。②武襄：指狄青，北宋名将，"武襄"是他的谥号。③祖：以……为祖先。

【原文二】

狄青为枢密使。有狄梁公之后，持梁公画像及告身[1]十余通[2]诣青献之，以谓青之远祖。青谢之曰："一时遭际[3]，安敢自比[4]梁公？"厚有所赠而还之。

——《梦溪笔谈》

【注释】

①告身：授予官职的凭证，委任状，任命书。②通：量词，这里相当于"份"。③遭际：遭遇时机，指受到提拔、赏识。④比：勾结，偏爱。这里指攀附。

【意译】

北宋名将狄青，从一个小兵做起，一直做到枢密使。有人就劝他说：“您得认唐朝的狄仁杰作您的远祖，这才与您的身份相配啊！”狄青说：“我就是一个从农家走出来的小兵，怎敢高攀狄仁杰大人做远祖？”

又有个人自称是狄仁杰的后代，拿出狄仁杰的画像和唐朝颁发给狄仁杰的十余份委任状，要献给狄青。狄青问他：“为什么要献给我呢？”那人说：“有了这些东西，您就可以理直气壮地说您是狄仁杰的后代，那多有面子啊！”狄青一听，笑了，说：“我干吗非得高攀做狄仁杰的后代呢？”然后，给了他一笔赏钱，把他打发走了。

【点评】

真实的家史，记载着祖先的荣耀，这些荣耀激励后代奋发有为；真实的家史，也记载着祖先的过错和羞辱，这些过错和羞辱，是很好的反面教材，同样是精神财富。只是有太多爱慕虚荣的人，他们在家谱中造假，家族中败德的人或事儿被“忘记”或缩小；鲜亮的人或事儿被放大，甚至攀附死人——把那些同姓的历史伟人生拉硬拽进家谱，还美其名曰“隐恶扬善”。

狄青拒绝攀附唐朝的大宰相狄仁杰作祖先。因为他们除了都姓狄，没有任何瓜葛。狄青也有足够的自信和底气，凭自己的本事奋斗，不屑于攀附。那些攀附死人的人，往往就是没有真本事又不肯实干的人，没有底气，没有自信，就靠着造假以自欺欺人。哎，这些人，与其搜肠刮肚地巴结死人，倒不如像狄青那样，自己去实干，或许就会树立起自信，照样可以成功。

6 一块荒田，两家美德

【原文】

问[①]处己[②]廉洁，尝仕鄜延幕府，与种世衡[③]善[④]。父丧，世衡遗[⑤]汝州田十顷[⑥]，辞弗受。使归，未至而世衡卒。其子古[⑦]，用父治命[⑧]，亦不纳[⑨]田，芜秽[⑩]者三十年。……

——《宋史》

【注释】

①问：指张问，北宋早期的官员。②处己：要求自己。③种世衡：北宋早期的官员、将领。④善：友好，关系亲密。⑤遗（wèi）：赠给，献给。⑥顷：汉制的田地面积单位，不同时代的具体面积不等。⑦子古：儿子种古。⑧治命：神志清醒时所立下的遗嘱。⑨纳：接受。⑩芜秽：荒废，抛荒。

【意译】

北宋官员张问的父亲去世了，好朋友种世衡把一大块田产赠给他作为助丧的礼金，派人专程把那块田产的地契给张问送去。张问是个廉洁自律的人，无论如何也不接受，那人只好把地契带回去复命。未曾想，拿地契的人还没到，种世衡也辞世了。种世衡的儿子种古坚持父命难违，不肯把那块田收回来，结果田就在那儿荒着，一荒就是三十年……

【点评】

所谓“一言既出，驷马难追”，面对那块价值不菲的地产，两家的当家人均不为所动，可以说，他们在心里都把诚信牢固地摆在利益的上面，而不是把利益放在诚信的上面，其信守承诺的精神都值得敬仰。只不过事情的发起者是种家，当张家坚决拒绝受赠的态度已经明确地表达出来，种家就应该将土地收回了。好端端的十顷耕地，竟然荒废了三十年，种古实在是太迂腐了，迂腐的原因在于愚孝。

7 归还卖牛款，牵回任性牛

【原文】

萧韩家奴[1]……少好学，弱冠[2]入南山读书，博览经史，通辽、汉文字。……家有一牛，不任驱策[3]，其奴得善价[4]鬻[5]之。韩家奴曰："利己误人，非吾所欲。"乃归直[6]取牛。

——《辽史》

【注释】

①萧韩家奴：辽朝大臣、学者。②弱冠：男子二十岁左右的年纪。此时行冠礼，即戴上表示已成人的帽子，但身体尚未强健，故称"弱冠"。③不任驱策：不听使唤。不任：不能胜任。驱策：驱使，役使。④善价：高价，好价钱。⑤鬻（yù）：卖。⑥直：通"值"，价格，价值。

【意译】

辽朝的大臣萧韩家奴有一头牛，性情倔强，根本就没法使唤。他的仆人把牛拉到集市上，吹嘘一番，有人出高价买了去。卖了牛，那奴仆向萧韩家奴表功。没想到，萧韩家奴一脸的不高兴，他说："你干的这是什么事儿，损人利己！我很生气！"他命令仆人把钱赶紧退给买家，把那头任性的牛牵回来了。

【点评】

人人都该讲诚信，这是无须说教就懂的道理。却有太多的人失信，因为在他们的心里，诚信被压在了利益的下面，当诚信与利益冲突的时候，他们就选择失信。只有把诚信牢固地摆在利益的上面，才能坚定地持守诚信，做一个诚信的人，并且有资格教导别人践行诚信，就像萧韩家奴教训仆人那样。否则的话，你尽管在平时鄙夷失信者，在利益——尤其是重大利益面前，你还是可能会成为失信者，也就是你平时所鄙夷的那种人。

8 还金换银

【原文】

王敬臣[①]，字以道，尝以银器质[②]于人，逾年往赎，其人误授以金器，趣[③]仆还之。而其人更以布赉[④]仆。仆不受，曰："主行义而我为利乎？"

——《明外史》

【注释】

①王敬臣：明朝晚期学者、隐士。②质：抵押。③趣：同"促"，催促。④赉（lài）：赐予，给予。

【意译】

明朝有个叫王敬臣的人，拿银器作抵押向典当铺借款。过了一年，他派仆人拿钱去把银器赎回来。仆人顺利地取回交给王敬臣。王敬臣刚拿到手就觉得不对劲：怎会这么重呢？仔细瞅瞅，原来典当铺的人误把一件类似的金器给了仆人，仆人当时也没在意，就稀里糊涂地带回来了。金子要比银子贵重得多，这下典当铺亏大了。王敬臣赶紧吩咐仆人把金器还给典当铺，换回自家的银器。典当铺的人听仆人叙述了来龙去脉，核验了仆人手里的金器，再看看放在当铺的王敬臣家的银器，大受感动，要赏赐仆人一些布匹。仆人拒绝说："主人拒绝不义之财，我怎能借机取利坏了主人的名声呢？”

【点评】

第一，“以银器质于人，逾年往赎。”说明王敬臣差钱，他的仆人也不会富裕。他们能够在差钱的时候拒绝不义之财，更为可贵。第二，典当铺的老板要奖赏仆人，仆人坚决谢绝，他虽然是一个地位低下的奴仆，却是一个真正的贵族——品性高贵。仆人德行如此，是受到了主人的长期熏陶，可见美德是可以传递的。

9　孝不违诚

【原文】

崔长生[①]，江南邳州[②]人。生而瘖[③]，手又挛[④]。为佣养父母，出入必面[⑤]。岁大祲[⑥]，乞食于市，得糟糠，上父母，自食草根木实[⑦]以活。拾字纸[⑧]，得遗金[⑨]，待失者逾月不得。乃易[⑩]母彘[⑪]饲之，茁壮蕃息[⑫]，为父母治送死之具[⑬]。丧父母，舁[⑭]葬于中野[⑮]，遂去，不知所终。

——《清史稿》

【注释】

①崔长生：清朝人士。②江南邳州：地名，清朝的江南省邳州县，大抵相当于今江苏省徐州市下辖的邳州市。③瘖（yīn）：同“喑”，哑，哑巴。④挛：抽筋，痉挛。⑤面：见面。此指当面禀报。⑥祲（jìn）：不祥，指粮食严重歉收的大灾荒。⑦木实：树木的果实，此指野果。⑧字纸：写过字的废纸。⑨遗金：丢失的金钱。⑩易：交换，此指购买。⑪彘（zhì）：猪。⑫蕃息：滋生，繁衍。⑬送死之具：棺材、丧服等丧葬用品。⑭舁（yú）：抬。⑮中野：原野之中。

【意译】

清朝的江南省邳州人崔长生，天生是个哑巴，手还有抽筋的毛病，却是个大孝子，靠着打工供养父母。每次进出家门，他一定恭恭敬敬地向父母禀报。有一年发生了大饥荒，他到街上乞讨，讨到的糟糠都给父母吃，自己只吃些草根野果勉强度命。有一次捡废纸的时候，捡到一笔钱，他就在捡到钱的地方待了一个多月，等失主前来认领。最终也没等到人，他才动用这笔钱买母猪饲养，再用养猪赚来的钱为父母操办了棺材、寿衣等用品。后来他的父母去世了，安葬父母之后，他就离开了家乡，没人知道他去了哪里。

【点评】

日子艰难的崔长生在他最需要金钱而又捡到钱的时候，仍然坚守诚信的公德，拾金不昧，而且是坚守了一个多月，等待失主前来认领。崔长生没文化，他这样做，是凭着做人的良知。

八　节

1　大皇帝是个小气鬼

【原文】

高祖[①]兄弟四人[②]，长兄伯[③]，伯蚤[④]卒。始高祖微时[⑤]，尝辟事，时时与宾客过巨嫂[⑥]食。嫂厌叔[⑦]，叔与客来，嫂详[⑧]为羹尽，栎釜[⑨]，宾客以故去。已而视釜中尚有羹，高祖由此怨其嫂。及高祖为帝，封昆弟[⑩]，而伯子独不得封。太上皇[⑪]以为言，高祖曰："某[⑫]非忘封之也，为其母不长者[⑬]耳。"于是乃封其子信[⑭]为羹颉侯。

——《史记》

【注释】

①高祖：指汉高祖刘邦。②兄弟四人：刘邦兄弟四人，分别是刘伯、刘仲、刘邦、刘交。③长兄伯：大哥刘伯。④蚤：通"早"。⑤微时：卑贱的时候，尚未显达的时候。⑥巨嫂：长嫂，大嫂，即刘邦的长兄刘伯的夫人。⑦叔：妻子对丈夫弟弟的称呼，此指刘邦。⑧详：同"佯"，假装。⑨栎釜：用盛饭的勺子

刮锅使锅出声，以示饭食已尽。栎：盛饭的木勺；釜：锅。⑩昆弟：兄弟。⑪太上皇：刘邦的父亲，刘邦称帝以后，被封为“太上皇”。⑫某：自称，我。⑬长者：厚道人。⑭其子信：刘邦长兄与大嫂的儿子刘信。

【意译】

汉高祖刘邦早年在社会上混的时候，经常带着一帮朋友去大嫂家蹭饭。大哥刘伯去世得早，大嫂的日子艰难，又觉着刘邦不干正事，招待过多次之后，渐渐就不耐烦了。有一天，刘邦又带着朋友去到大嫂家蹭饭，他与朋友们在屋里坐着高谈阔论，等着嫂子盛饭上菜。大嫂故意把锅子刮得吱吱作响，表示锅里什么吃的都没有。客人们听懂了，这是逐客令，就都找个借口，没趣地走了，刘邦很难堪。过了一会儿，刘邦亲自到厨房掀开锅盖，发现还有不少饭。

后来刘邦当了皇帝，哥哥和弟弟都封了王，就是没有大哥的儿子刘信的份儿。刘邦的大嫂，就是当年刮锅的那位，坐不住了，就去找公公，也就是刘邦的父亲太上皇说情。太上皇问刘邦说：“你怎么把侄儿刘信给忘了呢！他可是你大哥的骨血，封赏也该有一份啊！”刘邦说：“忘了？怎能忘了！”太上皇问：“那怎么不封他呢？”刘邦说：“怎么不封他？都怪他妈小心眼儿，当年把我们轰出门，气死我了！”话虽这样说，碍于老爸的面子，刘邦还是给侄子刘信封了个叫“羹颉侯”的侯爵，比其他兄弟所获得的王爵低一级，地盘也小得多，总算对老爸有了个交代。

【点评】

第一，刘邦的大哥早逝，寡嫂带着孤儿，生活不易。刘邦“时时与宾客过巨嫂食”。也就是说，大嫂在刮锅逐客之前，已经招待过他们多次了。一个寡嫂能做到这样，心胸算是很宽很宽的了。倒是刘邦，刮锅逐客这点事记恨那么多年，最后迫于父亲太上皇的压力，不得已封侄子刘信为侯爵，还得命名为“羹颉侯”。“羹颉”的意思是敲打（锅）以示羹尽，刘邦就是要通过这个名称羞辱大嫂。刘邦既善于记住家人的短处，又善于遗忘家人的长处，因此他这个大皇帝，却成了小气鬼。第二，对于大嫂来说，比较好的方法是，这次姑且继续招待，待客人走后，和刘邦从容沟通，诉说孤儿寡母的不易，诉说其心有余而力不足。这样的沟通刘邦应该是能够接受的。大嫂却采用刮锅逐客的极端做法，让小叔子在朋友面前颜面尽失。大嫂此前投入那么多的财力、精力，一次刮锅却将小叔子彻底变成了对头，说起来最根本的原因，还是大嫂未能从人格上尊敬小叔子，认定刘邦是个不可救药、绝无前途的小混混，不值得去尊敬，当然也就无须沟通，这才引起了刘邦称帝后的报复。

2 “驴友”传奇

【原文】

胡威[①]，字伯武……父质[②]，以忠清[③]著称……

威早厉[④]志尚[⑤]。质之为荆州也，威自京都定省[⑥]，家贫，无车马僮仆，自驱驴单行。每至客舍，躬放驴，取樵[⑦]炊爨[⑧]，食毕，复随侣进道。既至，见父，停厩[⑨]中十余日。告归，父赐绢一匹为装[⑩]。威曰：“大人清高，不审[⑪]于何得此绢？”质曰：“是吾俸禄之余，以为汝粮耳。”威受之，辞归。

质帐下都督先威未发，请假还家，阴资装[⑫]于百余里，要[⑬]威为伴，每事佐助。行数百里，威疑而诱问之，既知，乃取所赐绢与都督，谢而遣之。后因他信以白质，质杖都督一百，除吏名。其父子清慎[⑭]如此。

——《晋书》

【注释】

①胡威：西晋时期官员。②父质：父亲胡质。③忠清：忠诚而清廉。④厉：同“砺”，砥砺，磨炼。⑤志尚：志向。⑥定省（xǐng）：“昏定晨省（晚上服侍父母就寝、早晨向父母问候）”的简称，后泛指探望父母。省：问候。⑦樵：木柴。⑧爨（cuàn）：烧火做饭。⑨厩：马棚。⑩装：出行所携带的

物品。⑪不审：不知。⑫资装：备办旅费、盘缠。⑬要：同“邀”，约请。⑭清慎：清廉谨慎。

【意译】

三国的曹魏时期，有个叫胡威的人，从都城洛阳出发，大老远地前往荆州去看望父亲。胡威的父亲叫胡质，做荆州刺史，是个大官。虽然父亲做大官，家里仍然很穷，胡威去荆州，既没有车辆、马匹，也没有仆从，就是一个人赶着一头驴去。一路上他自己捡柴烧火做饭，放驴吃草，像个标准的独行客，真正的“驴友”。到了荆州，父子相聚十来天之后，胡威就告辞回家。临别父亲送给胡威一匹绢，作为路上的盘缠。胡威疑惑地请教父亲：“孩儿知道父亲大人一向清廉，怎么会有这么一匹价值不菲的绢呢？”父亲笑着说：“这绢是我余下来的俸禄，干净着呢！”胡威这才放心地带着这匹绢，与他的爱驴踏上了归途。

父亲有个很有心计的手下，听说胡威要回家，就提前请假，说是也要回家看看。那手下悄悄带上一大笔钱，在胡威回家的必经之路上等他，等到了就装作在路上偶然碰到的样子，兴奋地说：“哎呀，这不是刺史大人的公子吗？正好我也回家探亲，咱们顺路，一起走吧，也好互相有个照应？”于是，胡威就和父亲的那个手下结伴而行。一路上，那手下对胡威极为热情，帮着胡威做这做那，请吃请喝。这人的热心有点过头，胡威渐渐警觉起来，于是就不动声色地套他的话。那手下未曾防备，就露出了自己的身份。胡威赶紧把父亲给他的那匹绢送给那手下，作为对他的补偿，并立刻与他就此分开，各走各的。后来，胡威因为其他事情给父亲写信，顺带把那个手下的事向父亲作了禀报。父亲下令把那手下痛打一百大杖，并开除了他的公职。

【点评】

第一，胡家有着浓厚的清廉、忠诚的家风，这是胡家世代累积、呵护的结果。在这样的家风熏陶之下，胡威为了防止父亲出现任何贪腐的苗头，来自于父亲的每一分钱，都要搞清楚来路。第二，父亲的那个手下的套路很深，胡威不得不向父亲揭露他的丑行，免得父亲中了圈套。果然，父亲胡质把那人痛打了一百大杖，又开除了他的公职，并非小题大做。那个手下不仅变相行贿，而且严重侮辱了胡威父子俩的人格。他在内心必然是将胡威定位为一个贪占便宜的公子，把胡质定位为一个能用金砖砸倒的潜在贪官，所以才精心策划了这场披着偶遇外衣的贿赂。如果这次贿赂成功，他就会用既成事实来要挟胡威父子，目的无非是为了升官。行贿的人，内心总是非常轻蔑他的行贿对象的，不是吗？

3 好心待客挨了揍

【原文】

谢安[1]尝欲诣纳[2]，而纳殊无供办[3]。其兄子俶[4]不敢问之，乃密为之具[5]。安既至，纳所设唯茶果而已。俶遂陈盛馔，珍羞[6]毕具。客罢，纳大怒曰："汝不能光益[7]父叔，乃复秽[8]我素业[9]邪！"于是杖之四十。

——《晋书》

【注释】

①谢安：东晋时期的重臣、名臣。②纳：指陆纳，东晋时期官员，以清高、淡泊著称。③供办：供应筹备。④兄子俶（chù）：哥哥的儿子陆俶。⑤具：准备，筹备。⑥珍羞：珍贵的美食。羞，同"馐"。⑦光益：发扬光大。⑧秽：污秽，此作动词用，玷污。⑨素业：清白的操守。

【意译】

陆纳是东晋的官员，向来淡泊名利，最恨趋炎附势。名臣谢安很景仰陆纳，有一次去拜访他，陆纳就拿出日常的茶叶和一些简单的水果、糕点招待谢安。陆纳的侄子陆俶早就料定叔叔会这样做，他觉得这样招待谢安太寒碜了，于是就背着叔叔张罗了一桌好菜，一样一样地给端上去了。陆纳一见到这些山珍海味，气得要死，只是当着谢安的面不便发作。等谢安一走，陆纳痛骂侄子陆俶：“我这一辈子的名声，被你这一桌子菜给毁了！你知道吗？你真是欠揍啊！”陆纳说完，真的把陆俶狠揍四十大板。

【点评】

家庭或家族之中，像侄子陆俶那样，为家人出力、出钱却不讨好的事并不少见。为何好心却不落好呢？因为他们缺乏对家人的价值观的尊重。

清高淡泊已然是陆纳坚定信奉的价值观——陆纳有权选择这种无损于他人的价值观。即使招待谢安这样的重臣、名流，依然只能用简单的茶果，唯其如此才符合陆纳自己的价值观。侄子陆俶出力、出钱，却蔑视叔叔的价值观，是价值观侵略——把自己的价值观强加于叔叔。陆纳揍人，是对侵略者的还击；陆俶挨揍，真是自找的。

其实，缺乏对他人尊重的“好心”，就算不得好心，而是将自己意志强加于人的强迫症，害人害己，得不偿失。

4　埋鹿得妻

【原文】

裴宽[①]性通敏[②]，工[③]骑射、弹棋[④]、投壶[⑤]，略通书记[⑥]。景云[⑦]中，为润州参军事[⑧]。刺史韦诜[⑨]有女，择所宜归[⑩]，会休日[⑪]登楼，见人于后圃[⑫]有所瘗[⑬]藏者，访诸吏，曰："参军[⑭]裴宽居也。"与偕来，诜问状[⑮]，答曰："宽义不以包苴[⑯]污家，适有人以鹿为饷[⑰]，致[⑱]而去，不敢自欺，故瘗之。"诜嗟异[⑲]，乃引为按察判官，许妻以女。归语妻曰："常求佳婿，今得矣。"

——《新唐书》

【注释】

①裴宽：唐朝早期大臣，官至礼部尚书。以廉洁清正、执法严明而著称。②通敏：通达聪慧。③工：擅长。④弹棋：中国古代的一种棋类游戏。⑤投壶：中国古代宴饮时进行的一种投掷游戏，也是一种礼仪。⑥书记：书籍。⑦景云：唐睿宗李旦的年号。⑧参军事：军职之一种，军队参谋人员。⑨韦诜（shēn）：唐朝早期官员。⑩归：嫁。⑪休日：休假的日子。⑫圃：园地。⑬瘗（yì）：掩埋；埋葬。⑭参军：同上文"参军事"。⑮状：情形，状况。⑯包苴（jū）：贿赂或馈赠。⑰饷：馈赠。⑱致：送到。⑲嗟异：赞叹称异。

【意译】

唐睿宗的时候，润州刺史韦诜想给女儿物色个夫君，好久都没遇着合适的。有一天，韦诜闲暇时登楼远眺，发现远处有个人在园子里埋东西，觉着纳闷，就问手下：“那人好像在埋什么东西，我这眼神儿看不清，他是谁呢？”手下说：“那是参谋裴宽。”韦诜命令把裴宽带来，问他：“你刚才好像在埋什么东西？”裴宽说：“回大人话：有人给我送鹿肉，往我家一放，转身就走，我也没法子再送还他。可我早就给自己定了规矩，任何贿赂绝不能进我裴宽的家门！没办法，只好把鹿肉埋了。”韦诜心里大喜：“对，就是他了！”于是就把女儿嫁给了裴宽。

【点评】

有些人做官，就是冲着贪污腐败去的。这样的官，往往风光一时。后来呢？牢房早晚要走一遭，家人也要受连累、吃苦头。韦诜却认准了：唯有女婿廉洁的品德，才是女儿平安、幸福的真正保障，所以他果断选择了埋鹿的裴宽作女婿。年轻的小军官裴宽，因为廉洁自律而抱得佳人归，可喜可贺！

诸君，如果您择偶的时候能够记起这个叫韦诜的唐朝人，并且遵循他的原则，您的婚姻、家庭就牢靠了。

5　懂得珍惜才是福

【原文】

肃宗①为太子，尝侍膳②。尚食③置熟俎④，有羊臂臑⑤，上⑥顾⑦使太子割。肃宗既割，余污漫在刃，以饼洁之。上熟视⑧不怿⑨，肃宗徐举饼啖⑩之。上甚悦，谓太子曰：“福当如此爱惜。”

——《次柳氏旧闻》

【注释】

①肃宗：唐肃宗李亨，唐玄宗李隆基的第三子，唐朝第七位皇帝。②侍膳：陪着尊长用餐。③尚食：官员（或官署）名，掌管供奉皇帝膳食。④俎（zǔ）：切肉或切菜时垫在下面的砧板。⑤臑（nào）：牲畜的前腿。⑥上：皇上，此指唐肃宗李亨的父亲唐玄宗。⑦顾：看着。⑧熟视：仔细地看。⑨不怿（yì）：不高兴。怿：高兴。⑩啖（dàn）：吃。

【意译】

唐肃宗李亨做太子的时候，有一次陪着父皇唐玄宗用餐。膳食官端上一份熟羊腿，唐玄宗让李亨把羊腿割开，便于大家分食。李亨割完了，刀子上残留一些肉汁、肉末，就顺手拿过一块饼擦刀。唐玄宗在一旁看着，以为儿子是用饼当抹布，心里很反感。李亨把刀擦完了，却把那块擦刀的饼吃了。看到这儿，唐玄宗高兴地说：“这就对了，我们就该这样珍惜福分啊！”

【点评】

李亨改用饼擦拭刀然后吃掉肉屑，较之于使用抹布更卫生，更节俭，在当时大概是一种创新。如果唐玄宗碰巧有事离开餐厅，太子吃那块饼的后续情景他就看不到，就会对太子留下坏印象：认为太子是个铺张浪费的主儿。这个坏印象，很可能成为影响太子未来前程，进而影响国家安危的隐患。还好，玄宗看到了太子吃饼的情形。

家长应该给予孩子原则性指导，而不能要求孩子凡事都与自己保持一致，否则，就容易导致臆断、专制，孩子也往往无所适从；家长对孩子的观察应该细致、全面，若是以偏概全，不仅委屈了孩子，教子的效果也必然大打折扣。

6　宰相的脸也不过碟子大

【原文】

吕文穆公[①]，以宽厚为宰相，太宗[②]尤所眷遇[③]。有一朝士[④]，家藏古鉴[⑤]，自言能照二百里，欲因公弟献以求知[⑥]。其弟伺间[⑦]从容言之，公笑曰："吾面不过碟子大，安用照二百里？"其弟遂不复敢言。闻者叹服。

——《归田录》

【注释】

①吕文穆公：吕蒙正，北宋初年宰相，谥号"文穆"。②太宗：指宋太宗赵光义。③眷遇：优待。④朝士：在朝廷为官之士，泛指中央官员。⑤鉴：镜子。⑥知：赏识。⑦间：间隙，机会。

【意译】

宋太宗的时候，吕蒙正做了宰相。他宽厚待人，太宗皇帝对他也特别优待。有一位朝廷官员，家里收藏了一面古镜，说是能照方圆二百里。这人通过吕蒙正的弟弟，想把古镜送给吕蒙正，好给自己开辟出一条升官的捷径。弟弟瞅个机会把古镜拿给了吕蒙正，说："这是一面神奇的宝镜，能照二百里呢！"吕蒙正笑着说："我这张脸也不过菜碟子般大小，还用得着照二百里的镜子吗？”弟弟听了，明白其意，只好灰溜溜地把镜子还给那个官员了。

【点评】

许多官员贪腐，是被家人拉下水的。吕蒙正的弟弟之所以穿针引线，或是因为与那个以镜行贿的官员的关系很铁，或是为了“中介费”，或者兼而有之。无论哪种情形，如果那个行贿者得逞了，这个弟弟的好处是少不了的，而吕蒙正也就跟着弟弟下水了。吕蒙正却有足够的警醒和智慧，以幽默诙谐的语言，既掐灭了弟弟刚露头的邪念，又避免了因一本正经训斥而导致的兄弟间的尴尬。吕蒙正这个当哥的，还真有哥的样儿！

7 儿得民心，父皇吃醋

【原文】

……帝①遂以襄王②为开封③尹④，改封寿王，于是立为皇太子。庙见⑤还，京师⑥之人拥道⑦喜跃，曰："少年天子也。"帝闻之不怿⑧，召准⑨谓曰："人心遽⑩属⑪太子，欲置我何地？"准再拜⑫贺曰："此社稷之福也。"帝入语后嫔，宫中皆前贺。复出，延⑬准饮，极醉而罢。

——《宋史》

【注释】

①帝：此指宋太宗赵光义，襄王（即后来的宋真宗赵恒）的父亲。②襄王：赵恒被立为太子之前的王爵是襄王，后继承帝位，庙号真宗。③开封：地名，北宋都城。④尹：行政长官。⑤庙见：新确立的太子或封王等祭拜祖庙的仪式。⑥京师：朝廷所在地，都城，此指北宋都城开封。⑦拥道：聚集在道路上。⑧怿（yì）：欢喜，高兴。⑨准：指寇准，北宋大臣，以忠诚、直率、豪爽著称。⑩遽：立刻，马上。⑪属：归属，归向。⑫再拜：一种礼仪，先后拜两次，表示极为敬重。⑬延：邀请。

【意译】

宋太宗赵光义权衡再三，选立三子赵恒为太子。按照惯例，新太子赵恒去祖庙里祭拜，告慰列祖列宗，也借机向天下宣告太子确立的消息。在赵恒从祖庙返回的路上，听到消息的都城百姓们，成千上万地集结到路旁，兴高采烈赞颂赵恒为“少年天子”。宋太宗听了却有些失落感，便把寇准叫来，说：“新太子吸引了全都城的眼球，人心都归向他了，我找不着存在感了。这可如何是好呢？”寇准说：“大家歌颂太子，就是歌颂您这当爹的龙生了龙，也是歌颂您这当爹的眼光好啊！这是咱大宋的福音，陛下该高兴才对啊！”太宗立刻想通了，眉开眼笑道：“说得好。今儿个我请你喝酒，咱们君臣不醉不休！”

【点评】

人有时候会嫉妒别人受到的歌颂——即使亲如父子也不例外。太子赵恒赢得了都城百姓的歌颂，作为父皇的赵光义，不是高兴，而是觉得失落。后来为何又高兴了？因为寇准的那番话，让他感受到：太子仅是月亮，他这位父皇才是太阳。月亮的光辉，仅仅是对阳光的反射；太子虽然得到了荣耀，而他这位父皇才是荣耀之源。看来，寇准的开解多么高明。寇准的话，使赵光义享受到了一种升级版的歌颂，因此变得高兴了。

8　宰相的面子害死闺女

【原文】

皇甫泌①，向敏中②之婿③也，少年④纵逸⑤，多外宠⑥，往往涉⑦夜不归。敏中正秉政⑧，每优容⑨之。而其女抱病甚笃⑩，敏中妻深以为忧，且有恚怒⑪之词。敏中不得已，具札子⑫乞与泌离婚。

一日奏事毕，方欲开陈⑬，真宗⑭圣体似不和⑮，遽⑯离扆座⑰。敏中迎前奏曰："臣有女婿皇甫泌……"语方至此，真宗连应曰："甚好，甚好，会得⑱。"已还内矣。敏中词不及毕，下殿不觉抆⑲泪，盖莫知圣意如何。已而⑳，传诏中书㉑，皇甫泌特转㉒两官㉓，敏中茫然自失㉔，欲翌日㉕奏论，是夕，女死，竟不能辨直㉖其事也。

——《东轩笔录》

【注释】

①皇甫泌：北宋真宗时期官员。②向敏中：北宋真宗时期大臣，官至宰相。③婿：女婿，女儿的丈夫。④少年：此指青年（时期）。⑤纵逸：恣意放纵。⑥外宠：丈夫在婚外所宠爱、同居的女子。⑦涉：至，到。⑧秉政：执政，执掌大权。⑨优容：包容。⑩笃：疾病沉重。⑪恚（huì）怒：愤怒。恚：愤怒，生气。⑫札子：官员向皇帝或长官呈递的进言议事的文书。⑬开

陈：陈述，解说。⑭真宗：宋真宗赵恒，宋朝第三位皇帝。⑮不和：（身体）不舒服。⑯遽：急，仓促。⑰扆（yǐ）座：帝王的座位。扆：宫殿内安置于门和窗之间的大屏风。⑱会得：明白了，懂得了。⑲抆（wěn）：擦。⑳已而：不久，后来。㉑中书：中书省的简称。㉒特转：因皇帝特别的恩典而破例升迁。㉓官：官职（的级别）。㉔茫然自失：心中迷惘，自感失落。㉕翌日：次日，明日。㉖辨直：辨析纠正。

【意译】

皇甫泌是北宋时期宰相向敏中的女婿，他经常在外和一些女人鬼混，彻夜不归。当时向敏中正主持朝政，所以就对这个女婿一再包容，不同意女儿离婚。女儿生起病来，不久，竟然病危。他的夫人知道，女儿的病都是被皇甫泌给气的，都怪向敏中不允许女儿离婚！所以，夫人和向敏中说话时，火药味儿越来越重。向敏中不得已，准备请求皇上批准女儿离婚。他上朝奏事完毕，趁机对皇上说："臣的女婿皇甫泌……"碰巧，此时皇上身体不适，急匆匆下了龙椅要回内宫，刚听到这儿，就连声应道："好的，好的，我知道了。"说着就进到内宫里了。皇上是怎么想的，打算怎么办？向敏中不知道，想着病危的女儿，不由得老泪纵横。

不久，传出皇上的话：皇甫泌被破格提了两级。向敏中听了，心中一惊：皇上把他的意思给弄反了！向敏中打算第二天一上朝就告诉皇上：皇甫泌是个混蛋，请皇上恩准我女儿和他离婚！没想到，当晚他的女儿就去世了。皇甫泌却连升两级！

【点评】

向敏中的女儿最终含恨九泉，荒唐的皇甫泌却加官晋爵，而且还是因为他这个岳父的“推荐”。这看起来是由戏剧性的巧合凑成的，实则是向敏中对女婿的长期纵容所自酿的苦果。

家人相处之道贵在宽容，而宽容绝非纵容，宽容也须有底线。女婿已远远逾越了夫妻互相忠诚的底线，早就该离婚了，向敏中却一再纵容。为何？是面子在作怪。许多人视面子比天大，在北宋那个文质彬彬的朝代里，向敏中这样的重臣，面子就更大，他绝不容许女儿离婚，是怕丢了他这个大宰相的面子，因此就一再纵容，直到夫人有了“恚怒之词”，才不得已向皇上申请。所以，这个结局看似偶然，却是必然，是向敏中自酿的苦果。如果他不是那么看重自己的面子，早先就允许女儿离婚，或许女儿也不会一病殒命。从这个角度说，正是向敏中的面子，害死了亲闺女。

9 “神簪”传奇

【原文】

汾阴女子吴淑姬①，未嫁夫亡。未亡时晨兴②靧面③，玉簪坠地而折④，已而夫亡。其父以其少年，欲嫁之，女誓曰：“玉簪重合则嫁。”居久之，见士子杨子冶诗，讽⑤而悦之，使侍儿⑥用计觅得一卷，心动，欲与之合⑦，启奁⑧视之，簪已合矣。遂以寄子冶，结为夫妇焉。

——《诚斋杂记》

【注释】

①吴淑姬：约为元朝时期的一位女子。②晨兴：早起。③靧（huì）面：洗脸。靧：洗脸。④折：断。⑤讽：诵读。⑥侍儿：丫鬟，使女。⑦合：结合，结婚。⑧奁（lián）：女士用以存放梳妆用品的匣子。

【意译】

元朝的时候，汾阴这地方有个叫吴淑姬的少女，有天早晨起来洗脸，玉簪掉在地上摔成了两截。没多会儿，有人来报丧，她的未婚夫去世了。吴淑姬为未婚夫哀哭一番，决定为未婚夫守寡，当时为丈夫守寡的风气很盛行。吴淑姬的父亲觉得她太年轻，何况未曾出嫁，甚至根本就没见过未婚夫的面，便建议女儿再找个合适的人家。吴淑姬却不肯，发誓说："只有那簪子自己复原了，我才会嫁给别人。"断了的簪子怎会自己复原呢？她这是发誓要为未婚夫终身守寡了。

后来，吴淑姬读到一个叫杨子冶的书生所写的诗，觉得很好，就用计让丫鬟偷偷地给她弄了一本杨子冶的诗集。吴淑姬越读越喜欢，就很想嫁给杨子冶。又想，要是嫁给杨子冶，她所立下的誓言如何交代？

有一天，她把梳妆盒打开，惊讶地发现：原先断成两截的簪子，竟自己复原了！吴淑姬把那神奇复合的簪子给家人看，又寄给杨子冶作为定情的信物。簪子能够自己复原，大家都觉得簪子很神奇！吴淑姬也就坦然嫁给了杨子冶。

【点评】

簪子断而自合，其中必有蹊跷。对此吴淑姬的父亲应该是心知肚明的。他比较开明，起初他就反对吴淑姬为未婚夫守寡，因此默契地玉成了女儿的婚事。正是作为一家之主的父亲的开明，才使得女儿得以顺利逃出愚节文化的魔爪。吴淑姬当初草率地决定终身为未婚夫守寡，大概也是迫于当时强大的愚节的流毒。

吴淑姬的守寡以及用计求嫁，都是被这种愚节文化逼出来的无奈之举。吴淑姬的事迹，揭露了"节女""烈妇"的真相：她们守寡并非本心，她们只是病态文化的牺牲品。

10　丈夫来借宿

【原文】

曾惟庸妻谭①，衡阳人。顺治五年②，谭归③惟庸，方④四阅月⑤，惟庸为游骑⑥掠去。乱定，有言惟庸死者，谭召族人，分授以田宅。

康熙二年⑦，惟庸还，诈称行贾⑧，过⑨谭，音容已尽变，谭不能识。求食，与之；求借宿，不可。越日再至，乃自名惟庸，谭未敢信，问临别时事，尝授三钥，铁奇铜偶⑩，语皆验。谭乃泣而言曰："君⑪别十六年，谓⑫物故⑬久，今幸生还，当告诸宗族。"惟庸召族人，置酒，具白⑭其事，为夫妇如初。

——《清史稿》

【注释】

①妻谭：妻子谭氏。②顺治五年：公元1648年。顺治：清朝第三位皇帝爱新觉罗·福临的年号。③归：嫁给……做妻子。④方：才。⑤四阅月：经历了四个月。阅：经历。⑥游骑：流动突袭的骑兵，此指骑马抢劫的盗匪。⑦康熙二年：公元1663年。康熙：清朝第四位皇帝爱新觉罗·玄烨的年号。⑧行贾（gǔ）：离开家乡在外地经商（的人）。贾：商人。⑨过：拜访。⑩铁奇铜偶：铁质的（钥匙）一把，铜质的（钥匙）两把。

奇（jī）：不成双的单数，如一、三、五等，此指单数一；偶：成双的数字，如二、四、六等，此指双数二。⑪君：对他人的尊称，此代指丈夫。⑫谓：认为，以为。⑬物故：去世，亡故。⑭白：陈述，告诉。

【意译】

清朝初年，有个叫曾惟庸的男子，新婚刚过四个月，就被贼人掠去了。妻子谭氏，苦苦盼望、等待着丈夫曾惟庸归来，却一直杳无音信。后来，有人传说曾惟庸已经死了。谭氏打探得实，就召集族人，把多余的田地和住宅赠送给了他们，因为没了丈夫，他们又没有子女，留着也没用。

其实，曾惟庸没死。到了第十六年，历经劫难的曾惟庸终于回来了。他敲自己的家门，谭氏把门开了一道缝，问："你找谁？"曾惟庸这才意识到，过了这么多年，自己的声音、相貌都有了很大的变化，谭氏认不出他了，更不会想到敲门的人会是他。曾惟庸灵机一动，谎称他是一个从远处来的商人，希望讨口饭吃。谭氏本是一个善良的女子，就给了他一些食物。曾惟庸一边吃着，一边装作漫不经心的样子，问："怎么未见您的夫君呢？"谭氏叹了口气，说："夫君不幸去世，已经多年了。我是未亡人。"曾惟庸狡黠地一笑，凑近门，压低声音说："既然如此，不如让我今夜在此借宿，反正也没人看见？"谭氏立刻变了脸色，骂道："哪儿来的奸商，不识好歹，赶紧给我滚！"说着，谭氏"咣当"一声把门关上，又在门里面呵斥道："再不走，我喊族人来，打死你这奸商！"曾惟庸灰溜溜地逃走了。

第二天，曾惟庸又去敲门，谭氏顺着门缝一瞅见他，便开口骂道："你这奸商又来找打？！"一边说着，一边抄起棍子就打。曾惟庸一边双手护头，一边大声说："别打，别打，我是曾惟庸！"谭氏愣住了，不敢相信自己的耳朵，端详一番，觉得确实有点儿像，就盘问："曾惟庸不是早就死了吗？"曾惟庸说："那是误传。与我一起被抢走的那几个人确实都死了，还算我命大，活下来了！"谭氏还是将信将疑，又问："你若真的是曾惟庸，我可曾给过你什么东西？"曾惟庸说："你当时给了我三把钥匙，一把铁的，两把铜的，这钥匙还在啊！"说着，他颤抖着拿出了一直带在身边的三把钥匙。当初谭氏的确给了丈夫三把钥匙，一把铁的，两把铜的，这事没别人知道。谭氏看着那三把钥匙，正是她当时给丈夫的，这才确信真的是丈夫回来了，扔下棍子抽泣着说："他们怎么说你早就死了呢？！"于是，夫妻俩旧梦重圆了。

【点评】

仅仅与丈夫厮守了四个月的妻子，能为丈夫苦守十六年吗？曾惟庸很怀疑，所以，他才诈称行贾，求借宿。所谓真金不怕火炼，妻子守住了对丈夫的爱。十六年之久，虽然夫妻天各一方，他们的心里，都装着对方。真爱，又岂在朝朝暮暮！

11　故山寻无路，袅袅见炊烟

【原文】

戚成勋妻廖①，江津②人。成勋家万山中，张献忠③之乱，成勋出避寇，廖弱不能从，闭重门④独居。家故有余粟，粟将尽，就池畔种稻以食；衣敝，缀草自蔽。居四十余年，山径塞，与世隔绝。

成勋窜⑤黔⑥中，闻乱定，乃还，行求故山，斧⑦竹木得道，见其宅尽圮⑧，隐隐起炊烟。呼且入，廖自楼上问谁何⑨，成勋道姓名，廖乃泣曰："我夫今得还耶？我无衣，君以余衣畀⑩我，乃得下相见。"成勋解衣掷楼上，廖衣以下，面目黧黑⑪，发如蓬，相持大恸。其居又十余年，年各至九十余。

——《清史稿》

【注释】

①妻廖：妻子廖氏。②江津：地名，位于今重庆市。③张献忠：明末造反农民军领袖之一，曾占领今四川、重庆等地，于成都建立大西政权，年号大顺。张献忠杀人如麻，后被清军剿灭。④重（chóng）门：好几层门。⑤窜：逃跑，流亡。⑥黔：贵州省简称。⑦斧：名词作动词用，用斧子砍。⑧圮（pǐ）：毁坏，坍塌。⑨谁何：是谁，哪个。⑩畀（bì）：给，给予。⑪黧

（lí）黑：脸色黑。黧：黑中带黄的颜色。

【意译】

明朝末年，有个叫张献忠的农民领袖率军攻占了江津，他的军队滥杀无辜，许多江津人四散逃命。江津有个叫戚成勋的人，家住深山之中，也要带妻子一起出去逃命，妻子体弱，要出门走路却极为艰难。戚成勋没法，只好给家里安装了好几道门，作为妻子的防卫，自己去逃命。临别，夫妻俩相拥着，久久不肯分开。戚成勋说："撑下去，等我！"妻子点头："嗯，等你！"

分别的时候，他们大约四十岁。戚成勋走了，妻子独自留守在家。家里的余粮吃完了，她就在水边种点儿水稻凑合着；衣服穿破了，她就编缀草片遮体。她时常呆呆地望着山外，喃喃自语："我的夫君啊，你何时归来？"她就这样等着，一天又一天，一月又一月，一年又一年，这一等就是四十年。

话说当年，戚成勋一路逃到了贵州，四十年后，听说老家那边终于太平了，赶紧一路狂奔往家赶。到了自家所在的山脚下，从前的山路不见了，路已经被茂密的竹子、树木封死了。戚成勋用斧子一阵劈砍，开辟出一条小道，来到了家门口，发现宅院的墙坍塌了，房屋也已破败不堪。戚成勋的心不由得一紧："妻子，你怎样了？"抬头往上再瞅瞅，他发现破旧的房顶上飘着袅袅的炊烟，心里一阵狂喜："妻子还在，在等我！"于是，他一边朝里走，一边大声喊："我回来了！我回来了！！"妻子一听，怔住了：朝思暮想了四十年，难道丈夫真的回来了？她几乎不敢相信自己的耳朵，于是怯怯地问："你，回来了？你是谁？”戚成勋说：“是我，我是戚成勋！”妻子的心苏醒了，猛地起身，下楼去迎接。刚走了两步，却发现自己身上仅披着很少的草片，怎能这样去见朝思暮想的夫君呢？她害羞，就像四十年前一样，于是就朝楼下喊：“你赶紧给我扔件衣服吧，我早就没衣服穿了！”戚成勋立即把自己的衣服脱下来扔上去。很快，妻子穿着丈夫那宽大的衣服，跌跌撞撞从楼上走下来，扑进了丈夫的怀抱。两人紧紧相拥着哭作一团，妻子还使劲捶打着丈夫，说：“你怎么才回来啊，你凭什么现在才回来啊？！”说完，又是一阵痛哭。

重逢时夫妻俩已是八十来岁的耄耋老人，后来他们又厮守了十来年，都活到了九十多岁才相继离世。

【点评】

即使是与朝思暮想了四十年的丈夫重逢，即使已是耄耋老人，妻子廖氏仍然坚持先着装而后相见，非礼勿见，不肯苟且，这看似迂腐之举，实乃对丈夫以及自己人格尊严的敬重。衣服穿在外表，尊严存于内心。因此，妻子对丈夫的这份爱，不仅坚贞，而且圣洁。这便是中华传统礼仪文化的精粹：它使得人类成为一种有尊严的高等级的存在。

传统文化毕竟也是良莠并存。文献称妻子廖氏“弱不能从”——而非“病不能从”，推测一下，大抵廖氏这样循规蹈矩的女士，早年是裹了脚的。好端端的一双脚，被裹成“三寸金莲”，女子的“弱”，自然就难免了。从这个角度看，廖氏又是传统文化的受害者。对待传统，我们还是要汲取其精华，批判其糟粕。